解析に基づく
下水処理場の監理・計画・設計

白潟良一・竹島 正・笠井一次 共著

鹿島出版会

推薦の辞

　当社は社是を、「高度の技術を提供し、社会公共のために奉仕する／品格を高め、和衷協同の実をあげる」としています。本書はそれに則り、各執筆者の業務経験からコンサルタントとして社会に技術を提供すべく、今回の発刊に至りました。

　本書は監理・計画・設計の3つの分野から構成され、それぞれの分野を3名の技術者が責任を持って分担、執筆しております。また本書の特徴は、単に当社が集積した技術を紹介するのではなく、実務体験を通して学んだ内容を国内外の下水道技術者が直面する問題を解決する際に役立つ内容にしています。よって本書は、指針やマニュアルとは異なり、実務に即した内容となっています。特にこれから海外で技術者として活躍していく方々にも活用していただけるのではないかと思います。

　本書の各分野における特徴的な内容を、いくつか例示的に挙げてみます。

　「監理」においては、台風時における実際の危機管理体験について記しており、その内容が机上ではない、実際の現場における危機対応の様子が緊迫感と共に伝わってきます。現場の実務体験から得られた改善提案は、重みと説得力のあるものあり、読者がその体験を共有していってもらいたいものです。

　「計画」においては、バイオエネルギーとして脚光をあびている汚泥消化の消化日数について記していますが、消化日数を単に長くしても効果は少なく、実施設におけるデータ解析をもとに効果的な消化日数を推定する方法について提案している点などは参考になると思います。

　最後に「設計」においては、処理場の良し悪しの根源になるともいえる施設配置について、定量的なアプローチ手法が提示されています。施設配置計画の重要性は、この度の不幸な災害である東日本大震災において新たな視点からの再検討が求められているところでもあり、時節を得た内容だと思います。

　本書は実務者がその体験を通して書かれたものですから、その内容は非常に具体的です。本書が下水道の実務に携わる方々の参考になれば、筆者たちの努力が報われると考える次第です。

2011年6月

株式会社日水コン 代表取締役社長

野村 喜一

本書の目的

　下水処理場は地域特性の影響を受けた条件下で機能を果たす。流入水はその質的および量的変動状況を含め処理区域の産業形態や住居形態、更には気象条件の影響を受けている。処理場施設が同一であっても、地域あるいは季節によって水処理機能や汚泥処理機能は異なる効果を示す。一方、処理の結果生み出される、水や汚泥、エネルギー等の利用用途も地域の許容範囲や需要要件によって異なるため処理プロセスもそれに対応させる必要がある。筆者らはこのような理由から、処理場が抱える問題の解決策は、該当処理場自体が集積しているデータや情報にある、と考える。『解析に基づく下水処理場の監理・計画・設計』は、上述した考えからデータや情報の解析に基づいて問題点を解決しようとした事例である。本書は同様な問題の解決に参考になるとともに、設計指針等の考え方を補う糸口にもなると考える。

　各章では概要として、テーマの意義、解析のポイント、検討フロー、使用データの4項目を1ページにまとめている。本文の他に基礎事項の解説として Coffee Break も挿入した。本書は処理場で勤務されている技術者、計画や設計に携わっておられる技術者、ならびに下水道に関係されている研究者や学生を読者として想定している。技術者におかれては自分の携わる処理場における問題解決の一助として頂きたいし、研究者や学生諸氏におかれては本書により下水道や処理場において問題解決が必要なテーマをご理解頂ければと考える。

　「監理」は竹島 正が、「計画」および Coffee Break は笠井一次が、「設計」は白潟良一が執筆した。「計画」に含まれている第4章は、野田慎治の協力を得た。

　東日本大震災で多くのインフラが被災し、市民生活や産業活動に支障が生じた。
　下水処理場においても機能停止が発生し、下水道が果たす役割が停止する事態も起こった。これに対し、今後注目されると思われる下水処理場のBCP（事業継続計画）を確立するためにも、本書のような具体的な「解析に基づいた」検討が有効であると考える。

　本書の企画・出版は、鹿島出版会のご協力のもと実施に至り、特に鹿島出版会の橋口聖一氏には大変お世話になった。深く感謝を表す次第である。

2011年6月

執筆者一同

目　次

推薦の辞
本書の目的

1　合流式下水道における台風時の危機管理 ———— 1

1.1　目的とその背景 …………………………………………… 3
1.2　台風対応 …………………………………………………… 3
　（1）　台風17号 ………………………………………………… 3
　（2）　処理場の概要 …………………………………………… 4
　（3）　運転体制の実際 ………………………………………… 6
　（4）　運転体制の確保 ………………………………………… 7
　（5）　運転対応 ………………………………………………… 8
1.3　台風による被害と発生した故障 ………………………… 13
1.4　結果の評価 ………………………………………………… 14
　（1）　情報連絡 ………………………………………………… 14
　（2）　ポンプ運転操作 ………………………………………… 15
　（3）　台風被害と対応策 ……………………………………… 16
　（4）　降雨量に対する放流水量の検証 ……………………… 16
1.5　体験で得たこと …………………………………………… 18

2　処理場全体像把握のための運転記録 ———— 25

2.1　概要 ………………………………………………………… 27
2.2　処理場機能の諸側面 ……………………………………… 28
　（1）　降雨と受水量 …………………………………………… 28
　（2）　現有ポンプ設備 ………………………………………… 30
　（3）　処理水量 ………………………………………………… 31
　（4）　使用電力量 ……………………………………………… 32
　（5）　沈砂・し渣・ふ渣の発生と降雨相関 ………………… 32
　（6）　流入水質と総合処理水質 ……………………………… 34
　（7）　雨天時貯留槽 …………………………………………… 35

（8）　最初沈殿池 ··· *36*
　　（9）　生物反応槽 ··· *38*
　　（10）　汚泥処理施設の運転経過 ··· *41*
　　（11）　汚泥濃縮 ··· *42*
　　（12）　汚泥脱水 ··· *43*
　　（13）　汚泥焼却 ··· *45*
　　（14）　汚泥返流水 ··· *48*

3　汚泥の集約処理の可能性検討 ──────── *51*
　3.1　目的とその背景 ·· *53*
　3.2　実施上の問題点 ·· *54*
　3.3　問題解決に向けた取組方針 ··· *55*
　3.4　汚泥増加量予測と受泥方式の検討 ··· *55*
　　（1）　年間平均値による汚泥増加量評価 ······································· *55*
　　（2）　受泥方式の検討 ·· *56*
　　（3）　既存施設能力との対比 ·· *63*
　3.5　日変動を考慮した施設能力評価 ·· *64*
　　（1）　脱水機 ··· *65*
　　（2）　焼却炉 ··· *65*
　3.6　試験受泥とその実施結果 ··· *66*
　　（1）　第1回試験受泥結果（分水槽受泥） ···································· *66*
　　（2）　第2回試験受泥結果（汚泥分配槽受泥） ······························ *66*
　　（3）　第3回試験受泥（6月20日～7月1日、分水槽受泥） ············· *69*
　　（4）　試験受泥の全体評価 ··· *69*
　　（5）　設備上の課題 ··· *70*
　3.7　全量受泥への移行とその実施結果 ··· *72*
　3.8　結果の評価 ··· *75*
　3.9　むすび ·· *76*

4　計画放流水質とそれに適合する処理方式の検討 ──── *79*
　4.1　まえがき ·· *81*
　4.2　計画放流水質と計画処理水質の関係 ·· *81*

4.3　計画放流水質の設定 …………………………………………… *84*
　4.4　処理方法の選定 ………………………………………………… *86*
　4.5　計画処理水質 T-N を順守できる処理方法の検討 …………… *88*
　4.6　計画処理水質 COD を順守できる処理方法の検討 ………… *89*
　4.7　A 市で採用した処理方法 …………………………………… *90*

5　数学的モデルによる効果的な消化日数の推定 ─────── *93*

　5.1　はじめに ……………………………………………………… *95*
　5.2　嫌気性消化の概説 …………………………………………… *95*
　5.3　反応速度式 …………………………………………………… *96*
　5.4　数学的モデルによる効果的な消化日数の推定方法 ………… *97*
　5.5　検討例 ………………………………………………………… *98*

6　下水道施設のネットワーク可能性検討の簡易手法 ─────── *101*

　6.1　はじめに ……………………………………………………… *103*
　6.2　ネットワーク化の形態 ……………………………………… *103*
　6.3　下水道施設のネットワーク化の可能性検討の一例 ………… *104*

7　プラント設備の機種決定への総合評価法の活用 ─────── *107*

　7.1　まえがき ……………………………………………………… *109*
　7.2　評価方法の選択 ……………………………………………… *109*
　7.3　評価項目の摘出と階層化 …………………………………… *110*
　7.4　LCC による評価 ……………………………………………… *111*
　7.5　総合評価法による評価 ……………………………………… *113*
　7.6　LCC をその一部として含む総合評価法による評価 ………… *114*

8　雨水混入と影響日の判定 ─────────────────── *117*

　8.1　使用データ …………………………………………………… *119*
　8.2　パワースペクトルによる流入水量、雨量の周期性把握 …… *120*
　8.3　クロススペクトルによる流入水量、雨量の周期成分の相関把握 …… *122*

8.4 コヒーレンシーによる流入水量、雨量の周期成分の相関把握 ……… 124
  8.5 降雨終了後の影響日判定 …………………………………………… 125

9 処理施設配置の定量データに基づく比較検討 ── 133
  9.1 評価項目の摘出 ……………………………………………………… 135
  9.2 評価項目の構造化と最適概念の形成 ……………………………… 136
  9.3 対象地域における制約条件の整理 ………………………………… 138
  9.4 配置検討案の作成 …………………………………………………… 139
  9.5 評価指標の確定 ……………………………………………………… 139
  9.6 指標値から評価点への変換 ………………………………………… 140
  9.7 評価項目のウエイト付け …………………………………………… 140
  9.8 得点集計 ……………………………………………………………… 141

10 返流負荷量のデータがない場合の汚泥発生率の把握 ── 145
  10.1 汚泥発生率の定義 …………………………………………………… 147
  10.2 処理場全体からの汚泥発生率の算出 ……………………………… 149
  10.3 処理場全体からの汚泥発生率と水処理施設からの汚泥発生率の関係 … 151

11 汚泥発生率の将来予測 ── 155
  11.1 汚泥発生率の影響要因の摘出 ……………………………………… 157
  11.2 10処理場データによる汚泥発生率の重回帰構造式 ……………… 160
  11.3 1処理場データによる汚泥発生率の重回帰構造式 ……………… 163

12 低負荷運転処理施設における処理能力の検討 ── 169
  12.1 まえがき ……………………………………………………………… 171
  12.2 通日試験の内容と結果 ……………………………………………… 171
  12.3 除去率の算出 ………………………………………………………… 174
  12.4 設計負荷相当時の水質予測 ………………………………………… 175
  12.5 処理能力評価 ………………………………………………………… 176
  12.6 まとめ ………………………………………………………………… 178

13 長寿命化診断における経済的（LCC）診断 ——— *181*

- 13.1 まえがき ……… *183*
- 13.2 データ収集と整理 ……… *183*
- 13.3 年次別費用一覧作成 ……… *184*
- 13.4 1年当たりLCCの算定 ……… *185*
- 13.5 1年当たりLCCの将来予測 ……… *187*
- 13.6 1年当たりLCCのモデル計算 ……… *189*

14 長寿命化診断における物理的診断 ——— *195*

- 14.1 まえがき ……… *197*
- 14.2 データ収集と整理 ……… *197*
- 14.3 評価項目の選定 ……… *197*
  - （1） 低速回転機器（初沈かき寄せ機） ……… *198*
  - （2） 高速回転機器（主ポンプ） ……… *199*
- 14.4 経年劣化の予測 ……… *202*
  - （1） 低速回転機器（初沈かき寄せ機） ……… *202*
  - （2） 高速回転機器（主ポンプ） ……… *204*
- 14.5 まとめ ……… *205*

Coffee Break

- pH ……… *24*
- 有機物の分解 ……… *49*
- BOD ……… *77*
- 生物学的硝化脱窒 ……… *92*
- 生物学的脱りん ……… *100*
- アンモニアストリッピング法 ……… *130*
- BOD あれこれ ……… *143*
- 大腸菌と大腸菌群 ……… *167*
- 水面積負荷 ……… *179*
- 粒子の沈降速度（ストークスの公式） ……… *193*

1 合流式下水道における台風時の危機管理

合流式下水道の下水処理場における台風時の危機管理を事例にて示し、大雨の際の浸水防止ライフライン機能を担う処理場のあるべき姿と課題を明らかにする仕組みを述べる。

ポイント

- 日常的な良好なコミュニケーションが緊急時の情報伝達を可能にする。
- 買電、自家発、ディーゼルの多種動力源のポンプ運転操作で突発停電への対応が可能になる。
- 危険要因から事故進展シナリオ分析をしておくことで被害を最小化できる。
- 降雨量と揚水量、放流量の関係を検証して揚水や放流の必要量を把握する。

検討フロー

初動体制の確保→運転操作と連絡・点検・現場確認の同時進行
　発令前での自主的体制確立が必要←良好なコミュニケーション
　　召集職員の自宅不在可能性←事前ヒヤリングの実施
　　交通機関のマヒから出勤不能
　　暴風時の出勤危険

ポンプ（P）運転操作←停電など不測事態の考慮
（水量増加）買電P稼働→ディーゼルP稼働→自家発P稼働
→（水量減少）自家発P停止→ディーゼルP停止

事故進展シナリオ分析の例
　強風→自家発冷却塔の散布水の飛散→冷却水槽の水位低下
　→発電機の停止→ポンプの停止→排水不足→浸水発生
　　（冷却塔への風除けの設置が必要）

使用データ

台風時の処理場での対応状況のヒヤリング結果、運転実績データ

監理 (Management)

1 Risk management for the combined sewer system during typhoon

This chapter highlights the risk management and the mechanism to extract subjects to be solved for wastewater treatment plant (WWTP) of combined sewer system during typhoon by referring to practical cases to prevent inundation and maintain the lifeline functions.

Essential points

- Good communications on the daily basis will enable smooth information transmission in case of emergency.
- Multiple utilities, such as power purchase, local generation, and diesel engine pump will enable response to sudden power failure for pump operation.
- Scenario analysis of accident on the basis of risk factors will minimize damage.
- Verification of the relationship among the rainfall, discharge from pump stations, and influent of WWTP (discharge rate from WWTP) will help understand the requirement of discharge from pump stations and discharge from WWTP.

Study flow

Establishing the initial response system → simultaneous process of the operation, communication, inspection, and on site confirmation
  Establishment of autonomous system for action before mobilization order ← Good communications
    Possibility of absence of called-up staffs ← implementation of advanced hearing
    Unable mobilization due to traffic jam
    Hazard of mobilization during stormy weather

Operation of pump (P) ← Consideration of unexpected situation, such as power failure
(Flow rate increased) pump operated by purchased power → diesel engine pump operation → operation by local power generator
→ (Flow rate decreased) stop local power-generator operation → stop diesel engine pump operation

Typical scenario analysis of accident
  Strong wind → splash of cooling tower water in power generator → level down of cooling water tank
  → generator stop → pump stop → shortage of discharge → inundation
  (Installation of windshield to the cooling tower required)

Data used

Hearing result of the response practices in WWTP during typhoon and actual operation data

1.1　目的とその背景

　下水道の最も重要な使命は浸水防除であり、下水道施設が都市生活のライフラインとしてその真価が問われるのが、台風その他の大雨のときである。一方、わが国では年間降水量1,500mm、1mm以上の降雨日数は年平均100日とされ、下水道施設の運転において頻繁に降雨対応の機会はあるものの、大規模な降雨をもたらす台風経験については、意外に少ない。気象庁ホームページ（http://www.data.jma.go.jp/fcd/yoho/typhoon/statistics/average/average.html）によれば、過去30年間の平均として、年間26.7個の台風発生のうち、わが国に接近する台風は10.8個、上陸は2.6個である。

　しかし、台風時において処理場揚水機能が十分機能しなかった場合には、流域の浸水等、人命に関わる被害をもたらすことは言うまでもない。台風対応は下水道施設にとっては最重要の危機管理事項である。この対応の内容については、流域特性や設備構成により個々の処理場によって異なることは止むを得ないが、処理場管理のあり方も含めた視点に立てば、共通する側面も多い。

　したがって、実際に行われた台風対応の結果として、台風に対応する処理場運転の実際を紹介することで、降雨時の都市ライフラインとしての下水道のあるべき姿を示す。

1.2　台風対応

（1）　台風17号

　平成X年9月22日（日）、台風17号が中心気圧960hPaと強い勢力を保ったまま半島をかすめ、各地に大雨を降らせた。日本本土直撃には至らなかったものの、当事例の処理区においては、結果的に降雨総量が合計260ミリとなる等、1日の降水量としては明治9年の観測以来3番目の豪雨となった。

　実はこの台風、当初から上陸は想定されず、**図 1-1**に示すように本土の東海上を進むコースを取ることが想定されていた。また、そのため、処理場を統括する本庁部は、台風直撃コースとはならないのではとの予測から、前日21日（土）夜半時点では初動体制の発令には至らず、22日（日）早朝においても緊急招集を発令していなかった。

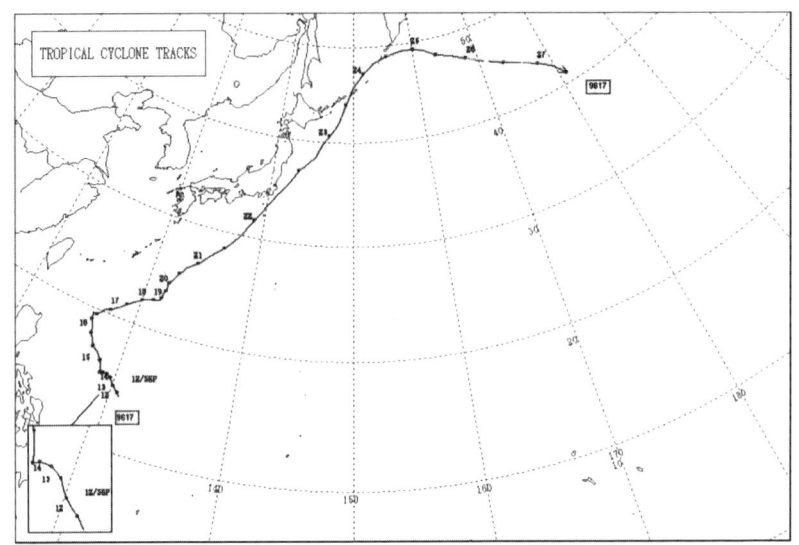

気象庁ホームページ(http://www.data.jma.go.jp/fcd/yoho/typhoon/route_map/bstv1996.html)より
図 1-1　台風 17 号の進路

　しかし、この間にあって各現場では台風襲来に備えた対応体制が自主的に取られていた。現場施設に従事している者にとって、常に最悪の状況を想定した事前準備あっての施設管理であることはこれまでの体験から身に染みているからである。
　すなわち、台風対応の経験からは、一斉の召集指令が発せられてから人選しても、①休暇中の職員は旅行中であったり、連絡不能であったりして事前の体制名簿通りの人員確保は不可能であること、②暴風雨が近づいてからでは交通機関が不通となったり、タクシーが確保できないことが多く、処理場に到達することだけで精一杯であること、③また暴風雨の中の出動は危険が多い等、人員確保が困難であることが分かっている。
　それに対して本事例では、処理場職員の自発的行動と運転員の柔軟な勤務対応、さらには日頃の保全管理により、無事台風対応を乗り切ったものである。ちなみに本事例の場合、ポンプの最大運転台数（汚水 3 台、雨水 10 台）はそれまでの処理場運転のタイ記録となった。

（2）　処理場の概要
　処理場は計画処理面積 4,889ha、計画処理人口 99 万人、低地帯が広がる新興都

市域を処理区とする合流式の大規模処理場。計画処理水量は94万トン、現有処理能力40万トンである。流入3幹線（E、K、N）のうち、直径3.5mのE幹線、直径3.75mのK幹線はいずれも途中、中継ポンプ所を経由するため、処理場側の揚水機能としては「汚水」の揚水であるが、N幹線については処理場で雨水の計画排水面積1,150haを受け持つため、処理場到達幹線は直径7.0mと大きなものとなっている。

　揚水施設の概要を図1-2に示した。通常、各沈砂池には各々流入阻水扉、前ろ格、揚砂機、ろ格、ポンプ井がセットで構成されているが、当該処理場は全体計画の処理施設の完成に至っていないことから、ポンプ設備については図に示すように、汚水ポンプ（①号～⑧号）の合計6台は電動、雨水ポンプの合計12台のうち、①号～⑥号の6台は電動、⑦号～⑫号の6台はディーゼル直結駆動型ポンプ（DEポンプ）になっている。このうち、当該処理場においては、汚水ポンプ6台が設備されているが、実際には汚水ポンプ①号に加えて、さらに3台の汚水ポンプの運転が揚水先の分水槽における越流状況から限度となっている。

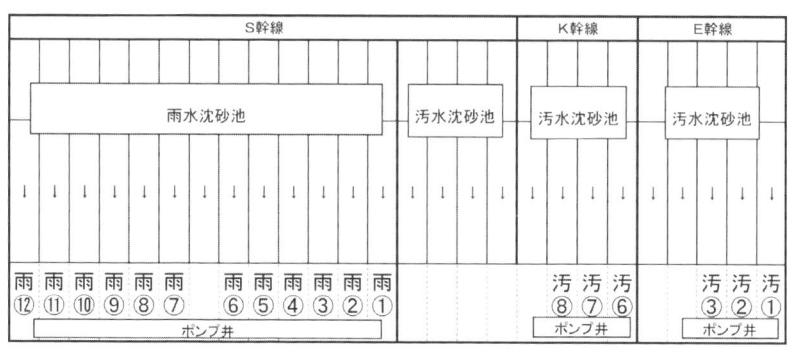

図1-2　処理場揚水施設の概要

　なお、ポンプ電動機出力は、最初沈殿池まで揚水する汚水ポンプは①号が1,000kW（130m³/分）のほかは、②号～③号が2,300kW（310m³/分）、⑥号～⑧号が2,000kW（310m³/分）、放流河川に続く雨水渠に排水する雨水ポンプ①号～⑥号は1,600kW（450m³/分）、⑦号～⑫号は2,350PS（455m³/分）となっている。

　そして、当該処理場は非常時の発電設備としてディーゼル機関直結の発電機（7,500kVA）2台を有している。

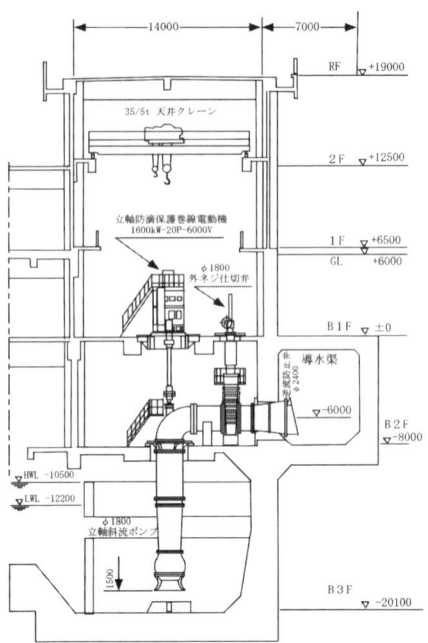

図1-3 電動雨水ポンプの据付断面図

　また、当該処理場は水処理のほか、外部委託により汚泥処理を行っており、汚泥については送泥管により他の2処理場からの発生汚泥も含めて、濃縮・脱水・焼却までの一連の汚泥処理を行っている。

（3）　**運転体制の実際**

　処理場運転は通常、1班4名の4班体制で運用している。0時45分～9時30分までを「1直」、8時30分～17時15分までを「2直」、16時～0時45分までを「3直」とし、各班が「3－1直」勤務と「2直」勤務を組み合わせることにより、24時間体制の運転管理を行っている。当時の処理場全職員69名（汚泥処理工場の委託先従事者を除く）のうち、係長3名を含め計37名が処理施設の運転管理および日常の保全管理業務に従事し、そのうち、16名が直接の運転要員（直職員）、残り21名は日勤職員である。

　これら運転要員は主に中央監視盤室で各種操作に当たるため、通常の処理場事務室とは異なるフロアーで勤務する。各班ではいわゆる「直担当者」を選任し、運転操作に関する指揮者を定めている。また、「1直」従事者と「2直」従事者の

いわゆる「朝の引継ぎ」と「2直」から「3直」への「夕方の引継ぎ」では、各直で発生した故障とその対応状況その他が報告され、次の勤務者に引き継がれる。なお、一般的には平日の引継ぎには、係長はじめとして運転管理に関わる日勤職員が参加し、広く連絡事項を周知する。

　なお、処理場運転には所定の職員数が確保されていなければならないため、万一何らかの事情で後続の勤務者が到着できない事態に対しては、平日にあっては日勤者が臨時に運転に従事（「代務」）するが、休日においては体制確保のため、やむなくそれまで勤務していた者が引き続いての超過勤務を行うことが多い。運転員の確保が運転管理の基本条件でもある。

（4）　運転体制の確保

　以下、処理場管理者の立場から見た対応の概要について述べる。

　前日9月21日は土曜日であり、テレビの台風情報は見ていてもその時点では台風が当地に直接来襲するかの確証はないまま、台風は進路を進めていた。この時の処理場長の判断としては、主要機器の故障がない中では明22日（日）の早朝の判断で間に合うものと考えていた。

　そこに翌22日（日）午前8時45分頃、処理場の直職員から処理場長宅に電話があり、「朝の引継ぎを終えたが、台風の影響で風雨が次第に強くなっている。勤務を終えた直勤務者を時刻通りに帰宅させてよいか」、「初動要員1名を含む職員2名が、前々日、緊急修理した設備の具合もあり、心配で自主的に参集しているが、どのような取り扱いになるか」というものであった。

　まだ、本庁部からの台風参集指令が出ていないが、電話を受けた処理場長の頭には、これから指令が出ても伝達してから実際に職員が処理場に参集するまでには時間が必要であることと、処理場への主要交通機関である鉄道が処理場付近で一級河川を横断するため高架になっており、強風影響でしばしば不通になったことが浮かび上がり、「2名については今後に備えて勤務をお願いする。なお、自分も直ちに出勤する」と連絡した。

　午前9時15分頃、当該処理場を統括する管理事務所庶務課長の自宅に、これから場に出勤する旨の電話を入れ、早々に処理場に向かったが、台風の影響により電車は既に大幅に遅れていた。途中で参集職員用の食料を買い込み、最寄駅からタクシーで処理場にたどり着いたのは、午前11時近くになっていた。

　午前11時、とりあえずの応援要員として、処理場長以下3名が確保され、応援の職員には外部との連絡や場内点検、諸警報の現場確認作業にあたり、直員4名は運転操作に専念させることとした。

本庁部から初動配備指令が出たのは、午後1時頃になってからのことであった。初動体制としては処理場長を含めて4名が割り当てられていたが、他の3名に電話連絡の結果、この時点では既に各地の交通機関がマヒしており、1名が出勤不可能であったため、当日参集の1名を初動要員に組み入れることとした。

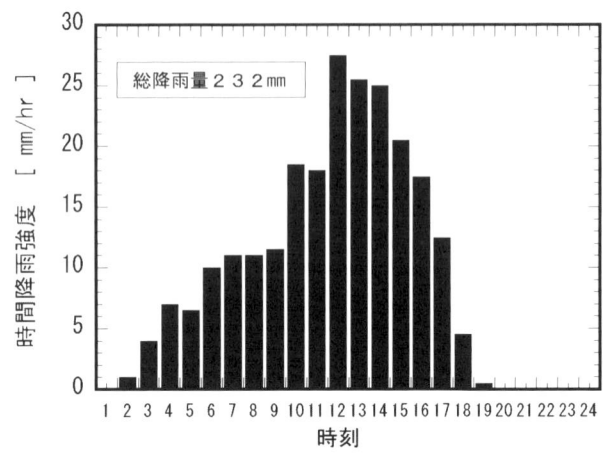

図1-4　時間降雨強度の経過

　その後、処理場の運転対応は順調に経過し、大きな被害を出さずに済んでいたが、午後4時頃、当日の「3－1直」勤務の職員2名から、相次いで「電車が不通で出勤不能」の電話連絡が入った。
　これに対しては、23日の正規の2直勤務者2名を引き続き明朝までの「3－1代務」とした。また、この時点では依然として風雨が強く、初動要員の疲労も著しいため、1名を5時15分には帰宅させ、代わりに日勤者から出勤できそうな1名の応援を電話要請した。その後、午後6時に管理事務所から初動解除の連絡があったが、処理場としては片付け等の作業や漏水箇所の施設点検等が残っており、初動要員の帰宅は午後7時を過ぎた。

（5）　運転対応
　実は、前々日9月20日（金）に次亜塩素酸ナトリウム配管（100A）フランジ部からの次亜の漏洩が発見され、台風の接近を控えて次亜注入を確保すべく、関係業者の手配や修理立会等、20日は夜間遅くまで応急措置を行い、台風への備えを行っていた。

台風対応における揚水関連操作について**表 1-1** に一覧にした。注目すべきなのは、表に示すように台風襲来への備えは前日から始めていたことである。とりわけ雨水沈砂池の残留水は可能な限り事前に処理水による水の入れ替えを行い、沈砂池の腐敗水を晴天時に汚水側に汲み出し、少しでも水域への汚濁を削減する取組みを行っていた。時間を要する工程であるが、既存施設の運転対応の好例のひとつである。

さて、22 日（日）は午前 2 時には雨が降り始めた。今後の台風に備えて当初から DE 雨水ポンプ 1 台（7 号）を運転することとし、午前 4 時 41 分起動、午前 4 時 45 分には雨水貯留槽（当該処理場は合流式下水道の雨天時汚濁対策として最初沈殿池下部が雨水貯留槽になっている）の越流により北系の簡易放流も開始された。

午前 9 時頃まで雨は時間強度 10 ミリを超え、汚水ポンプ 3 台（2、3、7 号）、電動雨水ポンプ 1 台（4 号）、DE 雨水ポンプ 3 台（7、8、11 号）を運転中の段階で 2 直への引継ぎとなった。

その後午前 10 時以降、雨は時間強度 18 ミリ台に上昇し、暴風雨状況となり、瞬間的には降雨強度時間 40 ミリ近くになった。降雨に関する警報が絶えず発せられる緊張状態であった。そして、汚水ポンプ 3 台、電動雨水ポンプ 1 台、DE 雨水ポンプ 3 台に電動雨水ポンプ 1 台追加運転に際して、午前 10 時 06 分、発電機 1 号起動。11 時 20 分には発電機 2 号も起動させて必要電力を確保した。この間、午後 2 時にはこの日の最高水量（311,550m^3/時）を記録している。

ポンプ台数の最大稼働時は午後 1 時 46 分〜午後 2 時 23 分の間で、汚水ポンプ 3 台、電動雨水ポンプ 5 台、DE 雨水ポンプ 5 台の計 13 台を運転することとなった。なお、電動雨水ポンプ 5 台のうち、発電によるものは 4 台である。

本章末の**表 1-2** には、当日の重要警報と主要設備の運転記録を掲載した。

表 1-1　台風対応における揚水関連操作

時刻	降水量[mm]	事前準備	直接操作	事後対策	操作事項
1	1				
2	0				
3	0.5				
4					
5					
6	0				
7					
8					
9					
10			■		汚水ポンプ3号「自動」
11	0	■			雨水沈砂池水替設備「入」
12					
13					
14	0	■			雨水沈砂池水替設備「切」
15		■			雨水沈砂池水替設備「入」
16					
17	0		■		発電機の「自動」「優先」選択のセット。汚水ポンプ3号「手動」及び「停止」。汚水ポンプ3号「手動」及び「自動」
18					
19	0		■		汚水ポンプ1号「手動」及び「運転」及び「自動」。雨水沈砂池水替設備「入」。
20			■		汚水ポンプ3号「手動」及び「運転」
21	0				
22					
23	0	■			雨水沈砂池水替設備「切」。雨水沈砂池水替設備「入」
24	0				
1					
2	0.5			■	汚水ポンプ3号「手動」及び「自動」。阻水扉7号6号「寸開」及び「全開」。雨水ポンプ井排水ポンプ「手動」「運転」及び「停止」。汚水ポンプ3号「手動」「停止」。汚水ポンプ6号「運転」「停止」。汚水ポンプ1号「運転」。阻水扉6号7号「全閉」。汚水ポンプ7号「運転」「自動」

9月21日

監理 (Management)

			内容
3	2		汚水ポンプ7号「手動」、汚水ポンプ1号「停止」、汚水扉3号「運転」「自動」
4	9		雨水ポンプ7号「送水」、阻水扉11号「寸開」
5	7.5		阻水扉10号「全閉」、阻水扉3号「寸開」、雨水扉4号運転、阻水扉6号「寸開」
6	9.5		
7	13.5		雨水沈砂池水替設備「入」、雨水ポンプ11号「送水」、阻水扉9号「全閉」、雨水ポンプ5号DS「発電」、雨水ポンプ6号DS「発電」、雨水ポンプ6号「寸開」、雨水ポンプ7号「送水」「運転」
8	12		雨水ポンプ8号「手動」、阻水扉9号「寸開」、雨水ポンプ3号「送水停止」
9	12.5		雨水ポンプ8号「送水」
10	21.5		発電機1号「手動」、雨水ポンプ6号「運転」、発電機1号CB「入」、発電機優先選択「1号」「自動」、雨水ポンプ1号DS「切」、雨水ポンプ5号「運転」、阻水扉9号「寸開」、汚水ポンプ6号DS「発電」、発電機2号「運転」、発電機2号CB「入」、雨水沈砂池水替設備「入」、雨水ポンプ10号「送水」、汚水ポンプ12号「送水」
11	23.5		雨水ポンプ3号「停止」、雨水ポンプ6号「運転」、雨水扉9号「寸開」、雨水ポンプ1号「停止」、フロア3号CB「切」、汚水ポンプ3号「運転」
12	27.5		阻水扉4号「寸開」、阻水扉11号「全閉」、汚水ポンプ2号「運転」
13	27.5		阻水扉12号「寸開」、雨水ポンプ6号「運転」、雨水沈砂池水替設備「切」
14	26		雨水ポンプ3号「停止」、阻水扉11号「送水」、阻水扉9号「寸開」、雨水ポンプ11号「送水停止」
15	26.5		雨水沈砂池水替設備「入」、雨水ポンプ6号「寸開」、雨水扉1号CB「切」、発電機1号「停止」、雨水ポンプ2号「運転」
16	21.5		雨水ポンプ5号「停止」、雨水ポンプ12号「送水」、発電機1号「停止」、発電機10号「寸開」、発電機2号「停止」、発電機買電、雨水ポンプ5号DS買電、雨水ポンプ6号DS買電
17	17.5		汚水ポンプ7号「送水停止」、雨水ポンプ1号DS買電、雨水ポンプ8号「送水停止」
18	1.5		
19			雨水沈砂池水替設備「切」、雨水ポンプ4号「停止」、雨水扉3号「全閉」、阻水扉4号「運転」、阻水扉6号「全閉」、阻水扉7号「全閉」
20			阻水扉9号「全閉」、阻水扉12号「全閉」、雨水ポンプ6号「運転」、雨水ポンプ井排水設備「自動」、雨水沈砂池水替設備「入」
21			汚水ポンプ1号「自動」
22			
23			雨水沈砂池水替設備「切」、雨水ポンプ2号「停止」、汚水ポンプ3号「運転」
24			汚水ポンプ2号「自動」、汚水ポンプ3号「運転」

9月22日

これらのポンプ運転操作には、図1-5に示すように、ポンプ井や流入幹線水位（注：通常は図に示すように方式の異なる2種類の水位計を設置して測定の信頼性を高めている）の変化を監視しながら、必要なポンプの追加、あるいは削減を行うもので、これらポンプ運転には、①流入阻水扉の操作、②契約電力範囲内に買電量を収める一方で発電機側で起動させるポンプの設定と使用電力に応じた発電機の起動等、様々な関連操作が必要である。それ故、設備全体を熟知した運転員が不可欠なことは言うまでもない。

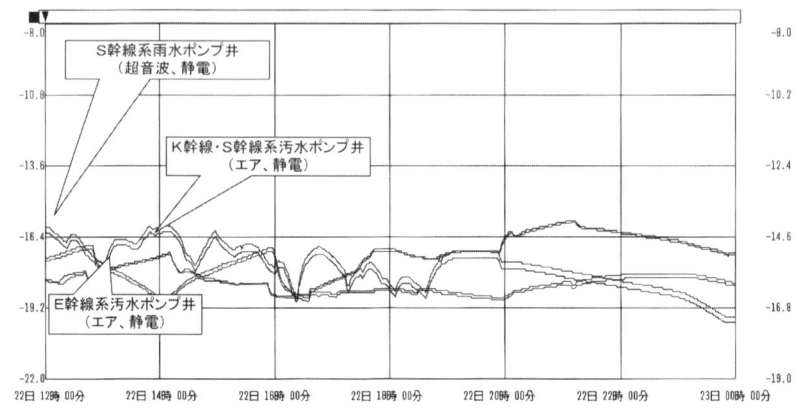

図1-5　ポンプ井水位の経過（22日12時～24時）

なお、当日の直担当者のコメントとして、「当処理場には深さと大きさが異なる3系統の幹線があり、雨天時にはE幹線系とK・N幹線系の中間扉を閉め、系統別に運転している。また、分水槽の容量の制約から汚水ポンプ大（310m³/分）3台、汚水ポンプ小（130m³/分）1台までしか揚水できない。電動雨水ポンプは買電で1台の運転しかできず（この時の電力が約14,500kW）、今回は汚水ポンプをK幹線系（2,000kW）からE幹線系（2,300kW）へ切り替えるとき（12時45分）に契約電力（15,500kW）ギリギリとなるため、ブロアを1台（3号810kW）停止して対処した」を得ている。

結果的には、今回の台風により図1-6に示すように流入水量に対応したポンプ運転を行い、最大時には設備能力の限度に近い運転状況となった。

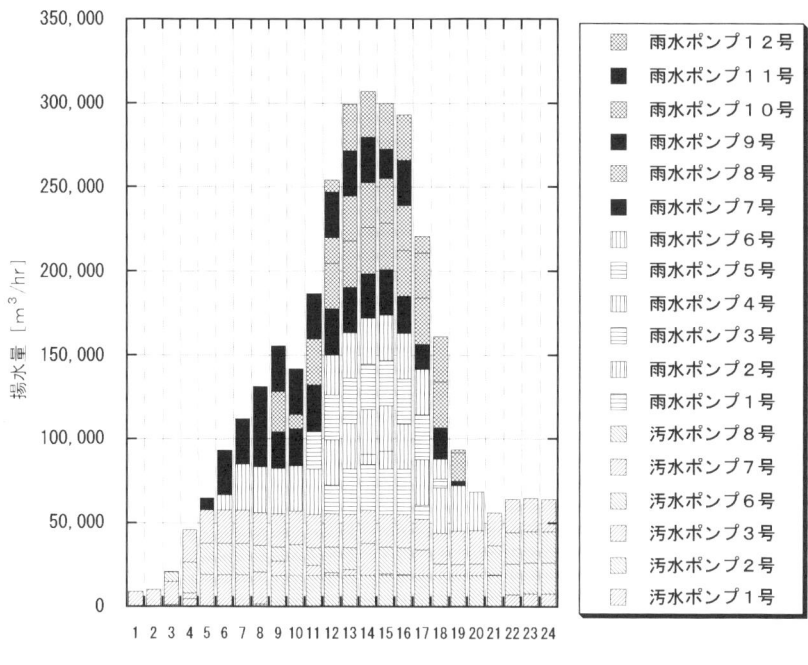

図 1-6　揚水量の時間経過

1.3　台風による被害と発生した故障

　台風対応の間、処理施設に関わるような大きな被害は出なかったものの、暴風雨を受けての建物被害や植栽被害、故障発報が発生した。それら主要なものを以下に掲載する。

①　暴風雨による本館天窓の開放
　本館北側の天窓が強風で開いてしまい、5階厚生室や3階蓄電池室に雨が入り込んだ。

②　窓ガラスの破損被害
　本館とポンプ棟との間はビル風に似た状況となり、台風時には通行が危険であった。そこで、ポンプ棟へは2階の渡り廊下を使用することとした。3階窓ガラス（3階蓄電池室）が割れるほか、軽自動車の扉が壊れる等の風被害が発生した。

③　北系処理施設上部防水設備の不良
　発生：午前8時32分から頻発

北系処理施設上部防水設備の不良により、上部覆蓋施設である球技場からの赤土混じりの漏水がひどく、第一沈殿池覆蓋面から地下1階、さらに地下2階管廊に落水し、地下2階管廊が最大深さ10センチ浸水した（当該処理場の屋上施設に由来する排水施設の課題である）。

④　南系曝気槽管廊排水ポンプピット水位上昇

発生：午前8時27分から頻発

南系施設へ通じる地下連絡渠への道路面からの雨水流入や地下連絡渠の漏水量の増大に対して既存の排水ポンプ能力が追いつかず、連絡渠排水溝から水が溢れ出た。

⑤　発電機「雑用水高置水槽水位低下」

発生：午後2時37分

原因は、屋上クーリングタワーで冷却中のディーゼル発電機二次冷却水（雑用水）が強風にあおられ飛散し、循環水が減少する中で、給水ポンプによる給水量が間に合わず、水槽水位が低下したものと思われる。対策としては、クーリングタワー周辺に風除けの覆いが必要であることが分かった。

⑥　DEポンプ室西側火災報知器が2カ所で発報

原因は、3台のディーゼルエンジンポンプを長時間連続運転したことにより、排気ガスが天井付近で充満、滞留し、煙感知器発報に至ったものと思われる。

⑦　植栽倒木

北系施設用地では、ヤマツバキ1本、マテバシイ1本、ポプラ7本、ヒマラヤスギ2本、南系施設用地ではクロマツ3本の合計14本の樹木が倒れた。

1.4　結果の評価

以上述べたように、予想外に大雨をもたらすことになった台風についても大きな被害を出すことなく低地都市域の下水道施設として所期の目的を果たすことができた。以下、各側面について事例を振り返っての評価をまとめた。

（1）　情報連絡

今回の対応成功の大きな要因は、現場職員から処理場長にいち早く情報が上がって来たことにある。本来、ベテランの現場従事者は長年の経験からこれから起こり得る状況をいち早く察知できるが、職場の中のコミュニケーションが良くなければ、上司に連絡するまでの行動は取らないものである。日頃から処理場管理者が現場に積極的に顔を見せ、どのようなことに対しても現場が困っているこ

とに相談に乗っていることが、いち早く情報が集まる環境を作ることにつながっている。日常的な良好なコミュニケーションが緊急時の情報伝搬を可能にするということである。

(2) ポンプ運転操作

どのようなポンプ操作を行うかは、対応する状況において異なることが多い。今回事例は明らかに長時間続く大雨への対応であり、万一の途中での停電事故等も考慮し、設置されている複数の揚水設備から的確な組み合わせを選択することとなる。

具体的には、図1-7に示すように、降雨が始まった当初の午前2時以降4時までは当然ながら、汚水ポンプで対応しているが、その後は、電力事情から切り離して運転できる雨水DEポンプ1台を最初に起動した後、買電で運転できる範囲として雨水ポンプ1台を運転している。

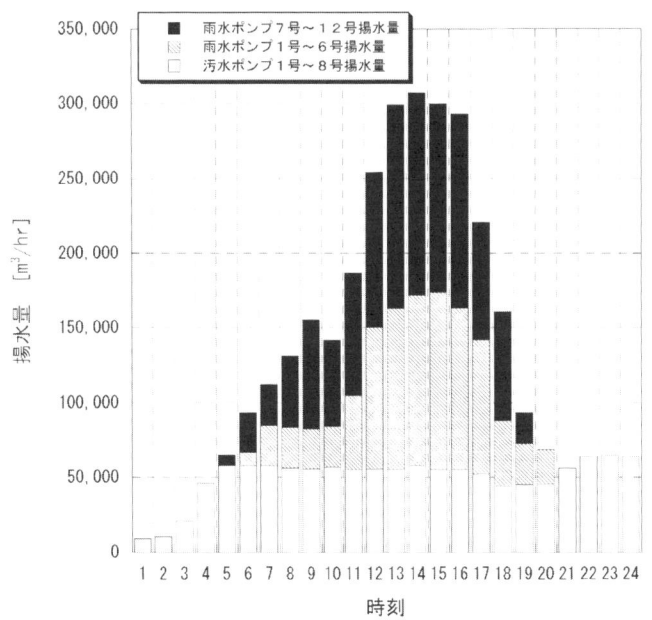

図1-7 汚水・雨水ポンプ別揚水操作分析

この間にも流入水量は増加しているが、対応はもっぱらDE雨水ポンプの稼働数を増やすことで行い、さらに水量が増える事態になってはじめて、発電機1台

を起動して電動雨水ポンプ（2台）を稼働させている。また、発電機による雨水ポンプが3台目を稼働させるについては発電機をさらに1台追加運転して電力確保を図っている。

一方、降雨のピークを過ぎた16時以降、急速に流入量が低下して来るのに合わせて、ポンプ運転台数の低減および発電機の運転停止操作を行い、発電機をすべて停止した後に、それまで継続運転を行っていたDE雨水ポンプを停止している。

このように買電、自家発、ディーゼルの多種動力源のポンプの運転操作を適正に行うことによって突発停電等の不測事態への対応にも備えた処理場運転が可能になるのである。

（3） 台風被害と対応策

台風対応で最も重要なのは揚水機能であり、阻水扉操作やポンプ運転で故障や操作ミスが起これば大きな問題となるが、本事例では幸いにしてこのような問題が起こらなかった。

しかし、発電機等、電力確保に関連する重要機器の故障は処理場全体に関わることから、補機に至るまで本事例で発生した故障や被害については、その後の十分な対応が必要である。とりわけ、屋上塔屋に設置した発電機冷却塔へ散布された冷却水が強風で飛散し冷却水槽の水位が低下する事態は、究極には発電機の停止につながる大きな問題と認識すべきである。暴風雨の際には、現場の応急作業は到底できないことを考慮しなければならない。

潜在的危険要因から事故進展のシナリオ分析をしておくことにより、被害を最小化できることに留意したい。

（4） 降雨量に対する放流水量の検証

次に、今回事例の降雨量と放流水量の妥当性について検証した。

当該処理場の処理区はいわゆるポンプ排水区であり、処理区内には合計8カ所のポンプ場がある。今回の降雨は9月22日の午前2時から午後6時までであったため、その後の残留雨水を考慮しても放流水量の日報集計値から今回台風の降雨による下水道への流出量を把握できるものと考え、降雨量に対する放流水量の関係を検証した。

図1-8に、当該処理場における当日の累積降雨と累積揚水量の関係を図示した。その結果、降雨量がそのまま流入量の増加に直結しており、とりわけ累積降雨量が0～150mmまでは直線関係になるという興味深い傾向が見られた。なお、降

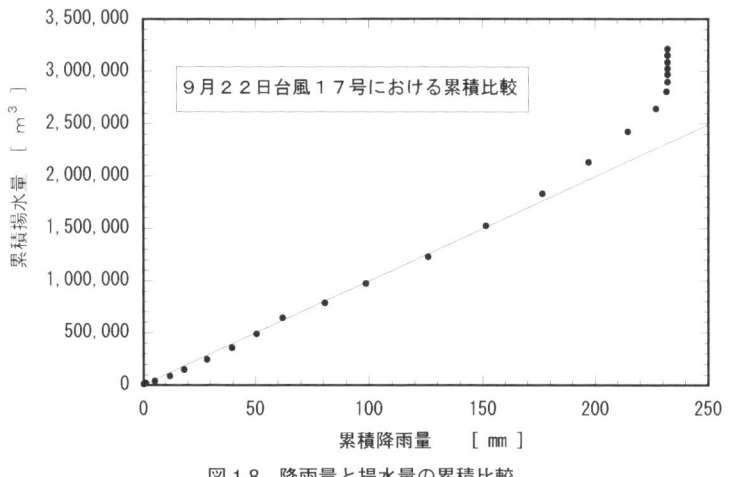

図1-8 降雨量と揚水量の累積比較

雨量がこれを上回る場合には、流入量はこの関係から外れるとともに、降雨がなくなってもしばらくは残留雨水の流入が続く傾向も現れている。

次に、処理区全体における降雨量と下水道への流入量について考察した。当該処理区はポンプ排水区であるため、雨水は流域にあるポンプ場（8カ所）の雨水ポンプからの放流と当該処理場からの放流とに分類できる。図1-9は、9月22日におけるポンプ所と処理場から放流量の詳細である。なお、当該処理区における前年度の晴天時の年間平均日処理水量は236,000m^3であることから、当日は汚水量の41倍の雨水（10,056,000 − 236,000 = 9,820,000m^3）が下水道に流入したことになる。

なお、処理区面積4,889haに対して総降水量223.8mm（処理区のポンプ所および処理場における測定値の平均）を乗じたものを降水総量とすれば、その割合は、9,820,000m^3 ÷ (4,889 × 100 × 100 × 223.8 ÷ 1000) = 0.897。すなわち台風のような大雨に対しては、いわゆる「流出係数」としては90％近い大きな値になることが判明した。

このように降雨量と揚水量、放流量の関係を検証しておくことで、揚水必要量や放流必要量が把握できることは重要である。

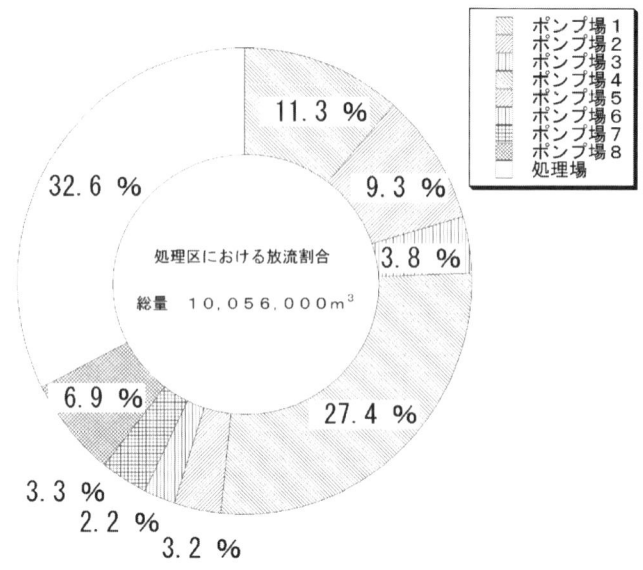

図1-9 処理区における下水道施設からの放流割合

1.5 体験で得たこと

　台風その他の大雨への対応で重要となるのが、初動体制の確保である。もちろん日頃の機器の保全管理、補修体制の充実によって、いつ起こるかも知れない自然災害に対して万全な体制づくりが必要なことは言うまでもない。しかしその上に立っても、実際の処理場運転業務に従事する者にとって、自分が担当する勤務時間帯を無事に乗り越え、事故なく次の勤務者に引き継ぐまでは緊張の時間が続くものである。

　とりわけ、雨は下水道施設においては最大の課題であり、まして台風のような事前に襲来が告げられるものに対しては、本来事前準備ができるだけに、その対応は万全であるべきだと言えるであろう。しかし、それでも自然の猛威は計り知れないものである。これまで無事に過ごせたからと言って油断は大敵である。

　本事例の場合、正式な台風の進路は外れていたにも関わらず、直撃同様の暴風雨をもたらした。幸いなことに、大きな被害も出さずに内水排除という下水道の所期の目的を果たすことができたが、本事例を体験する中で、次に示すようにいくつかの課題も明らかになった。

① 初動体制の早期確保

　第一は初動体制の人員確保である。大雨に対応するということは、急増する流入水量に対してポンプ運転台数を増加させるということであり、ポンプ井や幹線水位の変化を注視しながら必要な非常用発電機やポンプを時間差なく稼働させる必要がある。中央監視室の運転員は画面に付きっ切りの状態になる一方で、このような大雨時には各種警報が鳴動し、その対応にも追われることとなる。

　こうした中で、故障現場の確認や外部との連絡等を行うには、追加人員の配置が欠かせない。大雨の際の処理場は、晴天時とは全く異なる戦場のような様相を呈するものである。その運転員の対応をカバーする初動要員を早期に確保することによって、運転員は操作に専念できることになるからである。

　なお、本事例の体験を経て、以降は台風襲来が懸念される場合や年末年始等については、毎回事前に職員の在宅の有無予定についてアンケートを取っておき、参集指令の効率化を図っている。

② 降雨レーダー等の活用とコミュニケーション

　昨今ではインターネットの活用を含め、降雨レーダーや精度の高い降雨予測が容易に活用できる環境にある。降雨レーダーによって今後襲来する雨の規模も事前に知ることができるわけで、事前準備が行いやすくなっている。これからの下水処理場の運用としては、土日を含んだ中で、現場運転員と処理場管理者との間に緊密なコミュニケーションが取れていることがますます重要となる。

③ 操作性の向上

　今回事例では、急激な水量増加に対し十分追従できるポンプ駆動が確保されたが、一方ではポンプ駆動が間に合わず、沈砂池を冠水させてしまった事例も経験している。しかし、その背景には、操作卓や操作端末の操作性の問題が隠れている場合も多い。例えば、18分間に雨水ポンプ12台、非常用発電機3台を稼働させたにもかかわらず、沈砂池が冠水した事例もある。背景には最近の夏場の豪雨は先鋭さを増していることもあるが、その対応策として、「一斉操作」を可能とするようなシーケンスの改造も必要とされた事例もあった。

④ 沈砂池冠水への対応

　沈砂池冠水は人身事故につながる危険性があるわけで、沈砂池に水位警報設備を設ける一方で、万一冠水した場合に備えて沈砂池室内の主要機器の耐水化にも取り組んでおくことが望ましい。

　なお、大雨対応に関連して、古くから阻水扉操作への問題提起があることにも言及しておきたい。当然、早い段階での阻水扉操作等、下水道施設本来の機能を

発揮させない状況で用いることは問題である。豪雨に対応する下水道の使命として、ポンプ機能を維持しつつ、かつ施設の能力を十分に発揮する運転管理を行うべきことは言うまでもない。受身である下水道は、整備水準を上回る流入雨水に対して地先の浸水リスクを最小限に留めるため、ポンプの最大能力を発揮すること、すなわち大雨にあっては浸水防止を最優先に運転することが必要であり、その結果、沈砂池が一時的に冠水しても止むを得ないとするのが、下水道管理者の一般的な見解であろう。

　しかし、同時に揚水能力が最大限に発揮されているときは、上昇する沈砂池水位を阻水扉により制御し、沈砂池設備の損傷回避を図ることも、ポンプ能力を維持継続させる上で必要なことは言うまでもない。大雨にいかに対応できたかが、下水道施設の真価と言える。

1 合流式下水道における台風時の危機管理　21

表1-2　台風17号の運転対応記録

時刻	重要警報及び主要操作リスト	警報値	電動汚水ポンプ 1 2 3 6 7 8	電動雨水ポンプ 1 2 3 4 5 6	DE雨水ポンプ 7 8 9 10 11 12	発電機 1 2	揚水能力 m³/min	時間最大雨量 mm/h	累積雨量 mm
0:00							310	0.0	0.0
2:41	汚水ポンプ6号運転						620	4.0	5.0
2:43	汚水ポンプ3号停止						620	4.0	5.0
2:48	汚水ポンプ1号運転						440	4.0	5.0
2:56	汚水ポンプ7号運転						750	4.0	5.0
3:02	降雨強度　上限逸脱	10.4 mm/h					750	7.0	12.0
3:28	雨量　上限逸脱	10.0 mm					750	7.0	12.0
3:36	汚水ポンプ4号停止						750	7.0	12.0
3:40	汚水ポンプ3号停止						930	7.0	12.0
4:41	汚水ポンプ7号運転						1,385	6.5	18.5
4:49	北簡易処理水次亜塩注入量　上限逸脱	607 L/h					1,385	6.5	18.5
4:49	南1系曝気槽2号DO　下限逸脱	0.5 mg/L					1,385	6.5	18.5
5:40	汚水ポンプ4号運転						1,835	10.0	28.5
5:42	処理水高置水槽　高水位						1,835	10.0	28.5
6:07	雨量　上限逸脱	30.1 mm					1,835	11.0	39.5
6:40	降雨強度　上限逸脱	15.3 mm/h					1,835	11.0	39.5
6:45	降雨強度　上限逸脱	23.4 mm/h					1,835	11.0	39.5
6:49	降雨強度　上限逸脱	22.0 mm/h					1,835	11.0	39.5
7:05	雨水ポンプ11号運転						2,290	11.0	50.5
7:20	雨水ポンプ5号DS　発電						2,290	11.0	50.5
7:20	雨水ポンプ6号DS　発電						2,290	11.0	50.5
7:16	南1曝気槽1号DO　下限逸脱	0.52 mg/L					2,290	11.0	50.5
7:21	降雨強度　上限逸脱	32.0 mm/h					2,290	11.0	50.5
7:21	降雨強度　上上限逸脱	32.0 mm/h					2,290	11.0	50.5
7:33	S町幹線流入渠水位計　偏差大						2,290	11.0	50.5
7:50	汚水ポンプ6号停止						2,290	11.0	50.5
7:52	雨量　上限逸脱	49.6 mm					1,980	11.0	50.5
7:55	汚水ポンプ2号運転						2,290	11.0	50.5
8:04	雨水ポンプ8号運転						2,745	11.5	62.0
8:17	南簡易処理水量　上限逸脱	6417 m³/h					2,745	11.5	62.0
8:18	南簡易処理水量　上限逸脱	6601 m³/h					2,745	11.5	62.0
8:20	南簡易処理水量　上限逸脱	6528 m³/h					2,745	11.5	62.0
8:21	南簡易処理水量　上限逸脱	6354 m³/h					2,745	11.5	62.0
8:27	南1系曝気槽密排水ポンプ　排水ピット水位高						2,745	11.5	62.0
8:27	汚水ポンプ3号停止						2,745	11.5	62.0
8:32	北1系曝気槽密排水ポンプ1号　ピット水位高						2,435	11.5	62.0
8:33	汚水ポンプ6号運転						2,745	11.5	62.0
8:35	南1系曝気槽密排水ポンプ　排水ピット水位高						2,745	11.5	62.0
8:58	雨水ポンプ8号停止						2,745	11.5	62.0
9:02	降雨強度　上限逸脱	40.4 mm/h					2,290	18.5	80.5
9:02	降雨強度　上上限逸脱	40.4 mm/h					2,290	18.5	80.5
9:34	南1系曝気槽密排水ポンプ　排水ピット水位高						2,290	18.5	80.5
9:40	雨水ポンプ8号運転						2,745	18.5	80.5
9:42	南1系曝気槽密排水ポンプ　排水ピット水位高						2,745	18.5	80.5
9:52	降雨強度　上限逸脱	37.9 mm/h					2,745	18.5	80.5
9:52	降雨強度　上上限逸脱	37.9 mm/h					2,745	18.5	80.5
10:00	南1系曝気槽密排水ポンプ　排水ピット水位高						2,745	18.0	98.5
10:06	発電機1号運転						2,745	18.0	98.5
10:09	雨水ポンプ5号運転						3,195	18.0	98.5
10:34	雨水ポンプ6号停止						3,195	18.0	98.5
10:39	雨水ポンプ3号運転						3,195	18.0	98.5
10:43	南1系　曝気槽密排水ポンプ　排水ピット水位高						3,195	18.0	98.5
10:44	特高受電盤　主要・二次電力　上限逸脱	14955 kW					3,195	18.0	98.5
10:50	降雨強度　上限逸脱	38.8 mm/h					3,195	18.0	98.5
10:50	降雨強度　上上限逸脱	38.8 mm/h					3,195	18.0	98.5
11:00	降雨強度　上限逸脱	32.4 mm/h					3,195	27.5	126.0
11:00	降雨強度　上上限逸脱	32.4 mm/h					3,195	27.5	126.0
11:06	南1系　曝気槽密排水ポンプ　排水ピット水位高						3,195	27.5	126.0
11:06	汚水ポンプ3号停止						3,195	27.5	126.0
11:07	雨水ポンプ　台数不足						2,885	27.5	126.0
11:07	汚水ポンプ6号運転						2,885	27.5	126.0
11:10	降雨強度　上限逸脱	38.9 mm/h					2,885	27.5	126.0
11:10	降雨強度　上上限逸脱	38.9 mm/h					2,885	27.5	126.0
11:11	汚水ポンプ5号運転						3,645	27.5	126.0
11:13	S幹線流入渠水位　上限逸脱	{-12.0}TPm					3,645	27.5	126.0
11:14	北1系　沈質密排水ポンプ1号　ピット水位高						3,645	27.5	126.0
11:19	雨水ポンプ1号DS　発電						3,645	27.5	126.0
11:19	雨水ポンプ2号DS　発電						3,645	27.5	126.0
11:19	S流入渠水位　上限逸脱	{-11.5}TPm					3,645	27.5	126.0
11:20	S幹線流入渠　高水位						3,645	27.5	126.0
11:20	特高受電盤　主要・二次電力　上限逸脱	15990 kW					3,645	27.5	126.0
11:20	発電機2号運転						3,645	27.5	126.0
11:20	降雨強度　上限逸脱	30.5 mm/h					3,645	27.5	126.0

監理 (Management)

時刻	重要警報及び主要操作リスト	警報値	電動汚水ポンプ						電動雨水ポンプ						DE雨水ポンプ						発電機		揚水能力 m³/min	時間降雨強度 mm/h	累積降雨量 mm
			1	2	3	6	7	8	1	2	3	4	5	6	7	8	9	10	11	12	1	2			
11:20	降雨強度 上上限逸脱	30.5 mm/h																					3,645	27.5	126.0
11:21	雨水ポンプ井 高水位																						3,645	27.5	126.0
11:22	雨水ポンプ1号運転																						4,095	27.5	126.0
11:23	雨水ポンプ井 高水位																						4,095	27.5	126.0
11:24	北2系曝気槽管廊排水ポンプ ピット水位高																						4,095	27.5	126.0
11:24	雨水ポンプ井 高水位																						4,095	27.5	126.0
11:24	降雨強度 上上限逸脱	31.0 mm/h																					4,095	27.5	126.0
11:24	降雨強度 上上限逸脱	31.0 mm/h																					4,095	27.5	126.0
11:24	雨水ポンプ10号運転																						4,550	27.5	126.0
11:25	雨水ポンプ井 高水位																						4,550	27.5	126.0
11:26	雨水ポンプ井 高水位																						4,550	27.5	126.0
11:27	降雨強度 上限逸脱	45.9 mm/h																					4,550	27.5	126.0
11:27	降雨強度 上限逸脱	45.9 mm/h																					4,550	27.5	126.0
11:38	降雨強度 上限逸脱	36.9 mm/h																					4,550	27.5	126.0
11:38	降雨強度 上限逸脱	36.9 mm/h																					4,550	27.5	126.0
11:43	雨水ポンプ12号運転																						5,005	27.5	126.0
11:45	降雨強度 上限逸脱	33.0 mm/h																					5,005	27.5	126.0
11:45	降雨強度 上限逸脱	33.0 mm/h																					5,005	27.5	126.0
11:49	降雨強度 上限逸脱	33.9 mm/h																					5,005	27.5	126.0
11:49	降雨強度 上限逸脱	33.9 mm/h																					5,005	27.5	126.0
11:52	S幹線流入量 高水位																						5,005	27.5	126.0
11:56	S幹線流入量 高水位																						5,005	27.5	126.0
12:02	降雨強度 上限逸脱	36.9 mm/h																					5,005	25.5	151.5
12:02	降雨強度 上限逸脱	36.9 mm/h																					5,005	25.5	151.5
12:08	降雨強度 上限逸脱	36.4 mm/h																					5,005	25.5	151.5
12:08	降雨強度 上限逸脱	36.4 mm/h																					5,005	25.5	151.5
12:12	降雨強度 上限逸脱	34.4 mm/h																					5,005	25.5	151.5
12:12	降雨強度 上限逸脱	34.4 mm/h																					5,005	25.5	151.5
12:27	降雨強度 上限逸脱	47.7 mm/h																					5,005	25.5	151.5
12:27	降雨強度 上限逸脱	47.7 mm/h																					5,005	25.5	151.5
12:31	降雨強度 上限逸脱	34.4 mm/h																					5,005	25.5	151.5
12:31	降雨強度 上限逸脱	34.4 mm/h																					5,005	25.5	151.5
12:38	降雨強度 上限逸脱	38.8 mm/h																					5,005	25.5	151.5
12:38	降雨強度 上限逸脱	38.8 mm/h																					5,005	25.5	151.5
12:42	汚水ポンプ6号停止																						5,005	25.5	151.5
12:45	ブロア3号停止																						4,695	25.5	151.5
12:45	南1系曝気槽1号風量 下限逸脱	2791 Nm³/h																					4,695	25.5	151.5
12:45	南1系曝気槽1号風量 下下限逸脱	2791 Nm³/h																					4,695	25.5	151.5
12:45	南1系曝気槽2号風量 下限逸脱	2820 Nm³/h																					4,695	25.5	151.5
12:45	南1系曝気槽2号風量 下下限逸脱	2820 Nm³/h																					4,695	25.5	151.5
12:46	降雨強度 上限逸脱	30.5 mm/h																					4,695	25.5	151.5
12:46	降雨強度 上上限逸脱	30.5 mm/h																					4,695	25.5	151.5
12:47	汚水ポンプ3号運転																						5,005	25.5	151.5
12:56	雨量 上限逸脱	49.6 mm																					5,005	25.5	151.5
12:56	降雨強度 上限逸脱	39.5 mm/h																					5,005	25.5	151.5
12:56	降雨強度 上限逸脱	39.5 mm/h																					5,005	25.5	151.5
13:00	降雨強度 上限逸脱	36.9 mm/h																					5,005	25.0	176.5
13:00	降雨強度 上上限逸脱	36.9 mm/h																					5,005	25.0	176.5
13:05	雨水沈砂池 ろ格機11-1号 過負荷(PPC)																						5,005	25.0	176.5
13:05	雨水沈砂池 ろ格機11-1号 過トルク																						5,005	25.0	176.5
13:09	降雨強度 上限逸脱	32.0 mm/h																					5,005	25.0	176.5
13:09	降雨強度 上上限逸脱	32.0 mm/h																					5,005	25.0	176.5
13:23	降雨強度 上限逸脱	50.5 mm/h																					5,005	25.0	176.5
13:23	降雨強度 上上限逸脱	50.5 mm/h																					5,005	25.0	176.5
13:30	降雨強度 上限逸脱	31.0 mm/h																					5,005	25.0	176.5
13:30	降雨強度 上上限逸脱	31.0 mm/h																					5,005	25.0	176.5
13:38	降雨強度 上限逸脱	33.5 mm/h																					5,005	25.0	176.5
13:38	降雨強度 上上限逸脱	33.5 mm/h																					5,005	25.0	176.5
13:46	雨水ポンプ2号運転																						5,455	25.0	176.5
13:54	S幹線流入量水位 上限逸脱	[12.0]TPm																					5,455	25.0	176.5
14:02	汚水ポンプ3号停止																						5,455	20.5	197.0
14:08	汚水ポンプ6号停止																						5,455	20.5	197.0
14:12	北簡易処理水次亜塩注入量 上限逸脱	626 L/h																					5,455	20.5	197.0
14:23	雨水ポンプ2号停止																						5,455	20.5	197.0
14:36	雨水ポンプ11号停止																						5,005	20.5	197.0
14:37	発電機 雑用水高架水槽 水面低																						4,550	20.5	197.0
14:53	南1系 沈沈殿池管廊排水ポンプ1号 排水ピット水位高																						4,550	20.5	197.0
14:56	雨水ポンプ11号停止																						5,005	20.5	197.0
15:05	南1系 沈沈殿池管廊排水ポンプ1号 排水ピット水位高																						5,005	17.5	214.5
15:05	雨量 上限逸脱	49.6 mm																					5,005	17.5	214.5
15:29	南1系 沈沈殿池管廊排水ポンプ1号 排水ピット水位高																						5,005	17.5	214.5
15:38	南1系 沈沈殿池管廊排水ポンプ1号 排水ピット水位高																						5,005	17.5	214.5
15:46	南1系 沈沈殿池管廊排水ポンプ1号 排水ピット水位高																						5,005	17.5	214.5

1 合流式下水道における台風時の危機管理

時刻	重要警報及び主要操作リスト	警報値	電動汚水ポンプ						電動雨水ポンプ						DE雨水ポンプ					発電機		排水能力 m^3/min	時間限界雨量 mm/h	累積降雨量 mm
			1	2	3	6	7	8	1	2	3	4	5	6	7	8	9	10	11	12	1	2			
15:51	汚水ポンプ6号停止																							5,005	17.5	214.5
15:54	南1系曝気槽管廊排水ポンプ 排水ピット水位高																							4,695	17.5	214.5
15:55	南1系 沈殿池管廊排水ポンプ1号 排水ピット水位高																							4,695	17.5	214.5
15:56	汚水ポンプ11号運転																							5,005	17.5	214.5
15:58	雨水ポンプ11号停止																							5,005	17.5	214.5
16:00	南1系曝気槽管廊排水ポンプ 排水ピット水位高																							4,550	12.5	227.0
16:03	南1系 沈殿池管廊排水ポンプ1号 排水ピット水位高																							4,550	12.5	227.0
16:07	南1系曝気槽管廊排水ポンプ 排水ピット水位高																							4,550	12.5	227.0
16:12	南1系 沈殿池管廊排水ポンプ1号 排水ピット水位高																							4,550	12.5	227.0
16:15	南1系曝気槽管廊排水ポンプ 排水ピット水位高																							4,550	12.5	227.0
16:18	雨水ポンプ1号停止																							4,550	12.5	227.0
16:21	南1系 沈殿池管廊排水ポンプ1号 排水ピット水位高																							4,100	12.5	227.0
16:21	雨水ポンプ12号停止																							4,100	12.5	227.0
16:26	発電機1号 周波数 信号源異常																							3,645	12.5	227.0
16:26	発電機1号停止																							3,645	12.5	227.0
16:27	雨水P12 二次冷却吐出弁 過トルク																							3,645	12.5	227.0
16:35	南1系曝気槽管廊排水ポンプ 排水ピット水位高																							3,645	12.5	227.0
16:38	南1系 沈殿池管廊排水ポンプ1号 排水ピット水位高																							3,645	12.5	227.0
16:52	南1系 沈殿池管廊排水ポンプ1号 排水ピット水位高																							3,645	12.5	227.0
16:55	南1系 沈殿池管廊排水ポンプ1号 排水ピット水位高																							3,645	12.5	227.0
17:05	南1系 沈殿池管廊排水ポンプ1号 排水ピット水位高																							3,645	4.5	231.5
17:10	南1系 沈 曝気槽管廊排水ポンプ 排水ピット水位高																							3,645	4.5	231.5
17:11	雨水ポンプ5号停止																							3,645	4.5	231.5
17:23	南1系 沈殿池管廊排水ポンプ1号 排水ピット水位高																							3,195	4.5	231.5
17:26	雨水ポンプ1号停止																							3,195	4.5	231.5
17:33	発電機2号停止																							2,745	4.5	231.5
17:33	ポンプ棟配電 発電付帯1号 不足電圧																							2,745	4.5	231.5
17:33	ポンプ棟配電 発電付帯2号 不足電圧																							2,745	4.5	231.5
17:33	本館付帯 発電引込CB 停電																							2,745	4.5	231.5
17:33	フロア棟配電 発電付帯 低圧止																							2,745	4.5	231.5
17:33	雨水ポンプ1号DS 冒電																							2,745	4.5	231.5
17:34	雨水ポンプ2号DS 冒電																							2,745	4.5	231.5
17:34	雨水ポンプ5号DS 冒電																							2,745	4.5	231.5
17:34	雨水ポンプ6号DS 冒電																							2,745	4.5	231.5
17:36	南1系 沈殿池管廊排水ポンプ1号 排水ピット水位高																							2,745	4.5	231.5
17:54	雨水P12 二次冷却吐出弁 過トルク																							2,745	4.5	231.5
17:56	南1系 沈殿池管廊排水ポンプ1号 排水ピット水位高																							2,745	4.5	231.5
17:58	雨水P12 二次冷却吐出弁 過トルク																							2,745	4.5	231.5
17:59	雨水P12 二次冷却吐出弁 過トルク																							2,745	4.5	231.5
18:00	雨水P12 二次冷却吐出弁 過トルク																							2,745	4.5	231.5
18:04	雨水ポンプ10号停止																							2,745	0.5	232.0
18:15	雨水P10 二次冷却水 フローリレー異常																							2,290	0.5	232.0
18:23	雨水ポンプ7号停止																							2,290	0.5	232.0
18:36	雨水ポンプ8号停止																							1,835	0.5	232.0
18:37	南1系曝気槽2号風量 下限沈下	3053 Nm³/h																						1,380	0.5	232.0
18:37	南1系曝気槽2号風量 下下限沈下	3053 Nm³/h																						1,380	0.5	232.0
18:39	フロア3号運転																							1,380	0.5	232.0
19:50	雨水ポンプ4号停止																							1,380	0.0	232.0
19:51	南1系曝気槽1号DO 下限沈下	6.98 mg/L																						930	0.0	232.0
20:02	汚水ポンプ3号停止																							930	0.0	232.0
20:03	汚水ポンプ6号停止																							930	0.0	232.0
20:25	汚水沈砂池 沈砂ホッパ1号 満杯																							930	0.0	232.0
20:58	雨燐高級処理水量 上限沈下	6528 m³/h																						930	0.0	232.0
21:04	汚水ポンプ1号運転																							1,060	0.0	232.0
21:48	正燐高級処理水量 上限沈下	15006 m³/h																						1,060	0.0	232.0
23:55	汚水沈砂池 沈砂ホッパ2号 満杯																							1,060	0.0	232.0

監理 (Management)

Coffee Break−1

pH

　pH は、酸性、アルカリ性の程度を示す指標として一般的に用いられます。
　pH7 が中性と言われますが、その理由は以下の通りです。

　純水 [H_2O] は、次のように水素イオン [H^+] と水酸化物イオン [OH^-] 解離します。
　　　[H_2O] ⟷ [H^+] + [OH^-]
平衡定数 K は、

$$K = \frac{[H^+] \times [OH^-]}{[H_2O]}$$

であり、[H_2O] は一定とみなすことができるので、
　　　　　[H^+] × [OH^-] = K × [H_2O] = K_W
となります。
　ここで K_W は水のイオン積と呼ばれ、25℃におけるその値は 10^{-14} [mol/L]^2 と言われています。
　中性とは、[H^+] 濃度と [OH^-] 濃度が等しいとき、いわゆる [H^+] = [OH^-] のときです。
　したがって、
　　　　　[H^+] × [H^+] = 10^{-14} [mol/L]^2
　　　　∴ [H^+] = 10^{-7} [mol/L]
となり、[H^+] 濃度は 10^{-7} [mol/L]、[OH^-] 濃度も 10^{-7} [mol/L] の状態となります。
　ここで [H^+] に着目し、その常用対数のマイナス倍（逆数の常用対数）を考えます。
　　　　　$- \log [H^+]$ ($= \log (1/[H^+])$) $= - \log 10^{-7} = 7$
　そして "-log" を "p" と置きかえると、
　　　　　p [H^+] = 7
となり、中性では pH7 が導かれます。
　以上のように pH（potential of Hydrogen）は、[H^+] 濃度の常用対数のマイナス倍（逆数の常用対数）で、水素イオン濃度指数と呼ばれます。したがって pH が低下した場合は、水素イオン濃度は上昇し、pH が上昇した場合は、水素イオン濃度が低下するということになります。

2 処理場全体像把握のための運転記録

　ベテラン職員確保が困難な維持管理の現場では、赴任後早期に処理場の全体像を把握し、運転管理のポイントを理解する仕組みが必要となっている。本章では、過去1年間の運転管理の実績データを解析して全体像を把握する仕組みを示す。対象とした処理場は、現有処理能力 400,000m³/日の大規模、合流式処理場である。同様の解析および整理の仕方は、処理場規模にかかわらず有効と考えられる。

ポイント

- 運転管理のデータを計画・設計数値と照合すると、全体像が把握できる。
- 対象指標の累積頻度グラフにより、複数指標の平均値、最大値、最小値が分かる。
- 入力および出力指標の累積グラフにより、両者の換算係数の平均値や年間動向が分かる。

検討フロー

量の解析と把握

- 降雨量・降雨強度の累積頻度
  → 発生確率別雨性状
- 降雨量と受水量の直線回帰
  → 晴天日平均受水量、流達率
- ポンプ能力のm³/日換算
  → 日降雨量対応能力の把握
  ポンプ能力のmm/hr換算
  → 上流P場との連携意義
- 受水量と処理水量の相関
  → 高級処理、簡易処理、雨水放水の運用状況
- 受水量累積値と、沈砂・しさ、ふさ累積値の相関
  → 受水量当たり発生量
- 使用電力量の用途別構成
  → 該当処理場の特殊性

質の解析と把握

- 高級処理水質、簡易放流時の総合水質、雨水放水時の総合水質の累積頻度
  → 目標値と平均値、最大値の照合
- 貯留槽返水量の累積頻度
  → 雨天時・晴天時別利用率
- 最初沈殿池平均滞留時間
  → 簡易処理実施・非実施日別平均値
- 生物反応槽流入水温と処理水CODの相関
  → 不完全硝化の発生時期
  高級処理水量累積値と送風量累積値の相関
  → 平均送風倍率
  高級処理水量累積値と余剰汚泥量累積値の相関→余剰汚泥発生率
- 投入汚泥量の累積値と引抜汚泥量の累積値の相関→濃縮倍率、減容率（脱水、焼却）
  運転時間累積値と処理量累積値の相関
  → 単位時間当たり処理能力

使用データ

1年間の運転管理日データ
処理場全体像把握のための運転記録解析

監理 (Management)

2　Operation record to understand the whole situation of the plant

In the field of maintenance where experienced staffs are difficult to secure, a mechanism to allow the new staff to understand the whole situation and essential points of operation at an early stage is required. This chapter describes a mechanism to understand the whole situation based on the analysis of actual operation data of the past one year. The objective plant is a large-scale WWTP of combined sewer system with capacity of 400,000m^3/day. The same analysis and sorting ways are considered effective regardless of the scale of the plant.

Essential points

- Comparison of the actual operation data with the design figures will allow understanding of the whole situation.
- The graph of cumulative frequency of indices concerned will enable establishing the average, maximum, and minimum vaues of multiple indices.
- The cumulative frequency graph of input and output indices will enable establishing the average and annual trends of conversion factor of both indices.

Study flow

Quantitative analysis and understanding

Cumulative frequnecy of rainfall and rainfall intensity →Characteristics of rain by probability
▼
Linear regression of rainfall and influent →Average dry weather flow and influent runnof coefficient
▼
Conversion of the pump capacity to the unit of m^3/day →Understanding of the daily receiving capacity of rainfall Conversion of the pump capacity to the unit of mm/hr →Significance of linkage with the upstream pump station
▼
Correlation between influent and treatment volume →Operation state of secondary treatment, primary treatment, and stormwater discharge
▼
Correlation between the cumulative influent and the cumulative value of grit, screenings, and clusters →Generation rate per influent
▼
Composition of the power consumption by application →Particularity of the plant concerned

Qualitative analysis and understanding

Cumulative frequency of the secondary effluent quality, combined water quality at primary discharge, and combined water quality at stormwater discharge →Collation of the target, average, and the maximum values
▼
Cumulative frequency of return water flow from the storage tank →Utilization ratio under wet weather and dry weather
▼
Average retention time of primary settling tank →Average value by the day of implementing primary treatment and the day of non-implementation
▼
Correlation between the inflow water temperature to the biological reactor and COD of treated water →Time of occurrence of incomplete nitrification Correlation between the cumulative value of secondary treatment volume and the cumulative supplied air flow →Magnitude of supplied air flow Correlation between the cumulative secondary treatment volume and cumulative excess sludge nolume →Excess sludge generation rate
▼
Correlation between the cumulative loaded sludge and cumulative drained sludge →Concentration rate, reduction rate (dewatering, incineration) Correlation between the cumulative operation time and cumulative treatment volume →Treatment capacity per unit time

Data used

Daily operation and maintenance data for one year

2.1 概要

これまでとかく維持管理の現場は、日々無事に各施設が機能し、当面必要な機器の整備補修体制が実行されていれば、良しとされてきた。また、維持管理を担う者の育成については、日々の作業の中、ベテランから若手に経験に基づく知恵の伝授が行われてきた。しかし、ベテランの確保が困難となるこれからの維持管理の現場では、直営管理・委託管理にかかわらず赴任後、早期に処理場全体を把握し、ポイントとなる運転操作の意味を理解する等、即戦力となり得る体制作りが欠かせなくなっている。そのためにも、早期に処理場運営の特徴を理解できる仕組みが必要であり、本章では、その仕組みとして過去1年間の運転記録の解析が有効であることを示す。

【調査対象の下水処理場】

調査対象の下水処理場は低地帯のポンプ排水区に位置し、合流式で整備された処理区約 4,900ha（このうち、雨水排水排除機能として、N幹線流域 1150ha を所管）を受け持つ。調査時点の現有処理能力は 40万 m^3/日の大規模処理場である。その主要な施設について以下に概略を示す。

① 受電設備：66KV（2回線）
② 発電設備：ディーゼル発電機（7500KVA）×2基
③ 流入管渠：N幹線 7000mmΦ、E幹線 3500mmΦ、K幹線 3750mmΦ
　　　　　　の3本
④ 沈砂池：20m × 4.9m ×（汚水用6池＋雨水用12池）の計18池
⑤ 主ポンプ：（汚水用）130m^3/分×1台、310m^3/分×5台の計6台
　　　　　　（雨水用）450m^3/分×6台（電動）
　　　　　　　　　　　455m^3/分×6台（ディーゼル直結）の計12台
⑥ 最初沈殿池：50m × 28.8m × 4mH × 8池
　　　　　　　47m × 32.1m × 4mH × 2池の計10池
⑦ 雨天時貯留槽：57.1m × 30.3m × 5.5m × 8池
　　　　　　　　51.6m × 31.1m × 7.6m × 2池の計10池
⑧ 生物反応槽：55m × 9.7m × 10mH × 3回路 × 8槽
　　　　　　　44m × 8.1m × 10mH × 4回路 × 2槽の計10槽
⑨ 送風機：780m^3/分×2台、650m^3/分×2台の計4台
⑩ 最終沈殿池：（上段 40m ＋ 下段 37m）× 30.3m × 3mH × 8池
　　　　　　　（上段 36.2m ＋ 下段 33m）× 34m × 3mH × 2池の計10池
⑪ 塩素接触槽：5,820m^3 × 2槽、20,480 × 1槽

⑫　砂ろ過設備：6,280m³/日×8池
⑬　重力濃縮槽：28mΦ×5mH×4槽
⑭　遠心濃縮機：100m³/時×3台
⑮　汚泥脱水機：ベルトプレス型3m幅×20台
⑯　汚泥焼却炉：流動炉120トン/日、180トン/日、300トン/日×2基の計4基

処理方式は標準活性汚泥法であり、余剰汚泥については遠心濃縮、最初沈殿池引抜汚泥については重力濃縮で濃縮後、ベルトプレス脱水機で脱水し、流動炉で焼却を行っている。雨天時汚濁対策としては、建設当初から最初沈殿池下部に雨天時貯留槽を設けている。またその他の特徴としては、当該処理場では隣接処理区にある2カ所の処理場（処理能力25万トン、22万トン）から発生する汚泥を汚泥圧送管により受泥し、当該処理場において効率的な濃縮・脱水・焼却処理を行っている。

2.2　処理場機能の諸側面

（1）　降雨と受水量

　調査年の年間降水量は1,245mmであり、前年に引き続き降雨が少ない年であった。**図2-1**に、年間（1月から12月まで）の降雨状況を頻度解析した結果を示す。その結果、年間降雨のうち、50％が総降雨量5mm以下、最大降雨強度2mm/時以下であった。一方、累積頻度80％（年間降雨のうち20％）が総降雨量18mm以上、最大降雨強度6mm/時以上の強めの降雨、さらに累積頻度90％（年間降雨のうち10％）、すなわち10回に1度は総降雨量32mm、最大降雨強度12mm/時以上の強い降雨であることが分かる。

　そのうち、最大のものは台風来襲時の総降雨量85.5mmであったが、最大降雨強度としては意外にも6月4日（日）深夜の集中豪雨26mm/時の記録が年間の最大値となった。このように毎年の降雨を分析することは今後の気象変動の傾向を示す具体的な予測となり有効である。

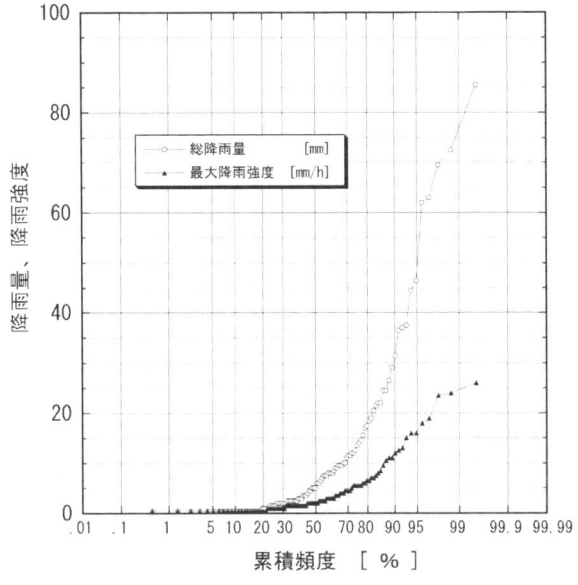

図 2-1　降雨の累積頻度

次に1日当たりの受水量Qと降雨量Rとの相関を見ると、**図 2-2** に示す通り、Q = 258600 + 16610 × R の相関式が得られた。このうち、定数（258600）については、晴天時の平均受水量を示す値である。また、係数部分（16610）については、処理区面積 4889ha に関連させると、以下のことが分かる。

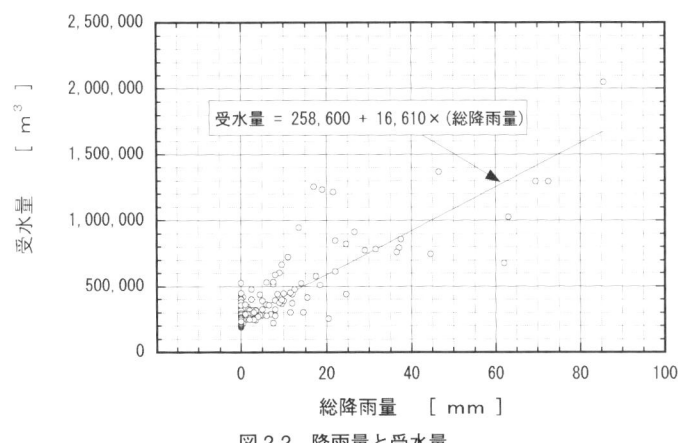

図 2-2　降雨量と受水量

まず、流域全体の 1mm 分の降雨は処理区全体では 4889ha × 10000m²/ha × 0.001m = 48,890m³ に相当するが、実際には流出係数（降った雨のうち何％が下水管渠に流出するかの割合）や中継ポンプ所における雨水ポンプによる雨水排水が行われるため、終末の処理場には 16610m³ が流達することになり、16610/48890 = 0.34、すなわち平均 34％の流達状況にあった。残りの 66％分については、雨水の地下浸透の効果や中継ポンプ所における雨水排水、さらには幹線雨水吐口からの放流分（注：本事例では流域の大部分はポンプ排水区のため、幹線雨水吐口はない）に相当する。

一方、非降雨日の平均受水量である 258,600m³ については、調査年度における流域の普及人口を約 70 万人とすると、水量原単位 が 258,600m³/700,000 人 = 0.369m³/人日と算定される。このように、受水量は流域の都市活動を反映する生きた指標として活用できる。

（2） 現有ポンプ設備

ポンプ設備は汚水用ポンプ 6 台、雨水用ポンプ 12 台であり、ポンプ揚水能力の合計は汚水 1680m³/分（242 万 m³/日）、雨水 5430m³/分（782 万 m³/日）、合計 7110m³/分（1024 万 m³/日）である。

流域全面積への降雨量に相当させると 1024 万 m³/日 ÷ 4889ha ÷ 10000m²/ha = 0.209m、すなわち 200mm 相当に達する値である。なお、雨水ポンプについては、782 万 m³/日 ÷ 4889ha ÷ 10000m²/ha = 0.160m/日、すなわち日降雨量 160mm 相当の能力を有していることになる。

しかし、実際の排水能力としては時間当たりの降雨強度で評価する必要がある。今、流域面積に対する合計ポンプ揚水能力 7110m³/分を比較すると、7110m³/分 × 60 分/hr ÷ 4889ha ÷ 10000m²/ha × 1000mm/m = 8.7mm/hr となり、わずか 10mm/hr 以下の能力でしかなく、雨水については上流ポンプ所での放水能力が浸水防止に不可欠であることが分かる。なお、N 幹線流域に対しては 5430m³/分 × 60 分/hr ÷ 1150ha ÷ 10000m²/ha × 1000mm/m = 28mm/hr 相当の雨水ポンプ能力となっており、同地区における流出係数の値として 50％を設定すると、当該排水区の対応降雨強度は 28mm/hr ÷ 0.5 = 56mm/hr となり、50mm/hr 対応の設備内容となっていることが分かる。

既存のポンプ設備の能力が実際、どれほどの降雨に対応しているか、維持管理の立場から事前に把握しておくことが、降雨時のポンプ運転の基本として必要である。

（3） 処理水量

降雨に対する基本的な考えとして、まず現有処理能力までは活性汚泥法の「高級処理」、降雨が増して来れば最初沈殿池までの「簡易処理」、さらに水量が増える場合は雨水ポンプを稼働させる「雨水放水」と段階を経て対処することになっている。

しかしながら、現実には降雨の時点では、雨が今後どの程度降るのかは不確定である。浸水防止を第一の命題とする処理場では、安全を考慮して簡易処理と雨水放水を同時平行して行う傾向がある。

図 2-3 は横軸に受水量、縦軸に各処理水量を示したものである。受水量が現有処理水量を超えるあたりから簡易処理が行われるが、一方、大雨の襲来が明らかな場合等においては、揚水機能の万全を図るため、同時に雨水放水も開始している事情も示されている。なお、雨天時には汚濁防止策の一環として計画能力以上の高級処理を行っている実績も示されており、「簡易処理」→「雨水放水」という単純な操作では現状は対応できず、状況に応じた柔軟な降雨対応の必要性を示した図となっている。

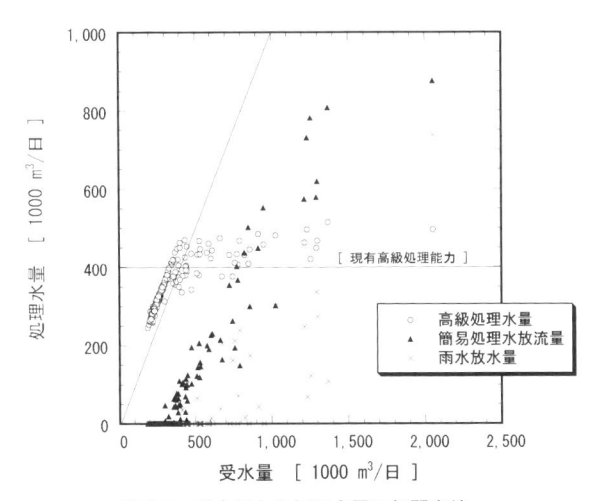

図 2-3　受水量と各処理水量の相関実績

現実の雨天時の処理場運転では、その処理場の施設状況に対応した運転が行われるべきであり、浸水防除を第一の目標に掲げる以上、一概に雨水ポンプの運転を規制することは好ましくない。むしろ、このような実態を明らかにした上で、各現場に適した運転手法を見いだすことが必要である。

（4） 使用電力量

当該処理場における調査年度の年間平均使用電力量は15万9千kWh/日であった。汚泥処理および水処理用電力に各々33％、揚水用に26％使用し、諸機械その他として7％弱の電力使用となっている。

電気料金としては年間総額8億2千150万円、日平均224万円の電気料金を支出した。

一般的には処理場における構成割合の概略は、水処理用に40％、汚泥処理用に30％、揚水用に20％、諸機械その他として10％であることと比較すると、当該処理場では汚泥処理（33.4％）や揚水（26.2％）に要する電力量が高めの値であることが分かる。この原因としては、当該処理場においては送泥管により他処理場汚泥を受泥処理しているため、汚泥処理量が多いことや、流入幹線が低い（管底レベル：TP-16.4 ～ TP-22.0）ため、揚水動力が高めの値になっていることが考えられる。

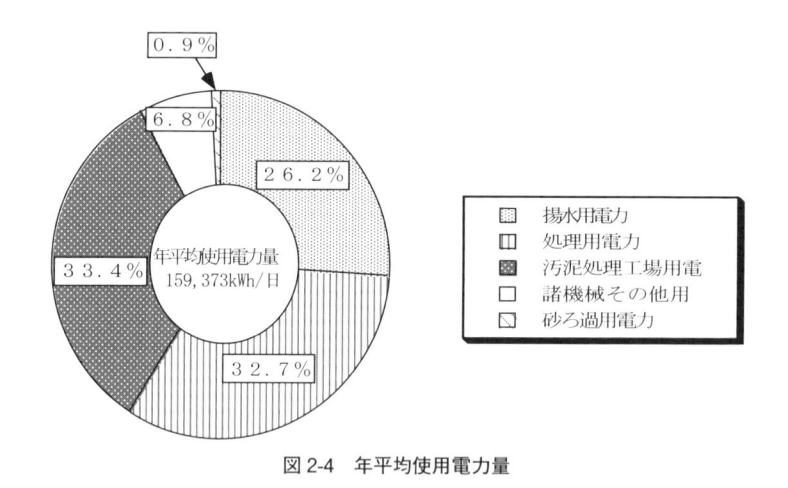

図2-4　年平均使用電力量

（5）　沈砂・し渣・ふ渣の発生と降雨相関

流入下水に含まれるこれらのきょう雑物の処理は維持管理上、頭を悩ませることが多い。中でも落葉時期には、雨水から枯葉が「し渣」として大量に掻き上げられる。降雨に伴ってきょう雑物に関連したトラブルが増加する。

図2-5は、年間の降雨量および沈砂・し渣・ふ渣収集運搬量の累積を示したものである。本事例の場合、沈砂発生量が降雨量とほぼ一致する興味深い傾向が得られた。いずれにせよ、降雨時に多量の砂が流入して来る訳で、大雨の際には沈

砂池のほか、最初沈殿池、重力濃縮槽等における沈砂対策についても考慮する必要がある。

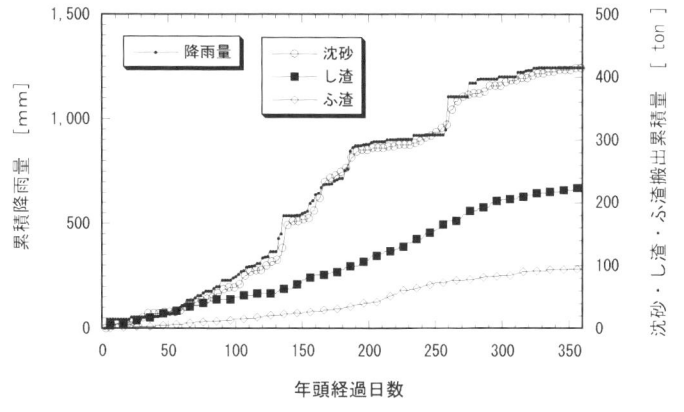

図 2-5 沈砂・し渣・ふ渣の発生量と降雨量

図 2-6 は沈砂、し渣、ふ渣の年間発生状況を受水量基準で表したものである。図から沈砂については、し渣の約 2 倍、し渣はふ渣の約 2 倍の発生があることが分かる。また、図を注意して見ると、し渣については秋に増加すること等の傾向も現われている。端的に言えば、砂は雨とともに処理場に流入して来るわけで、雨を迎え撃つ処理場側として、降雨に対するポンプ運転のほかに、沈砂池や最初沈殿池、重力濃縮槽の引抜汚泥濃度の管理が重要な管理項目となる。

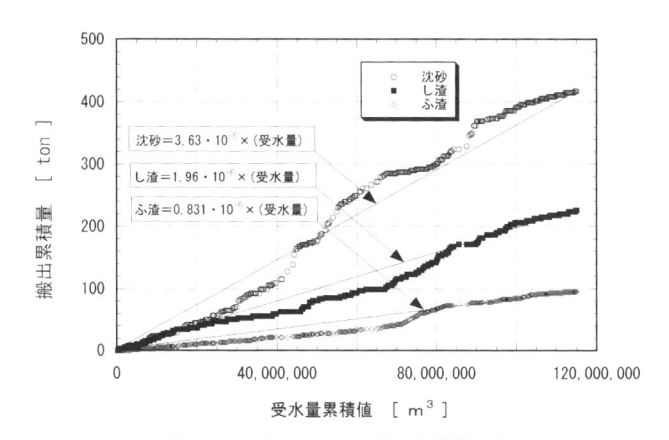

図 2-6 沈砂・し渣・ふ渣の年間発生率

（6） 流入水質と総合処理水質

幹線流入水の年間水質の推移を図2-7に示した。基本的にはE幹線、K幹線、N幹線の3幹線とも同程度の濃度であり、季節変動もないようであるが、E幹線については濃度変動が大きい。

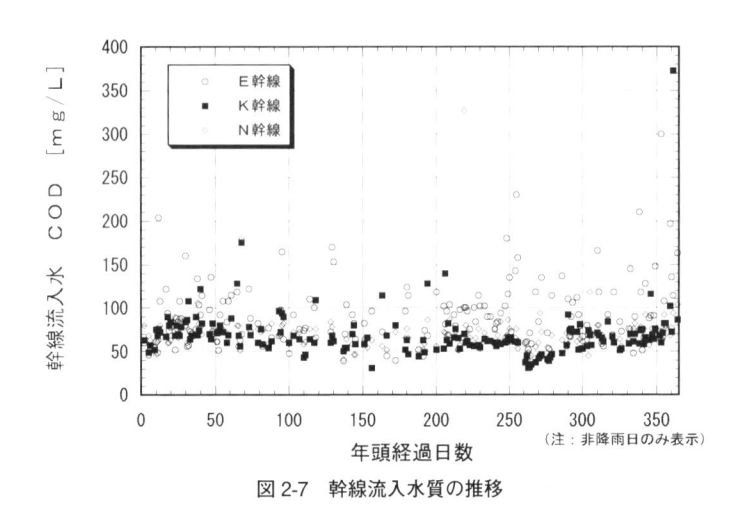

図 2-7　幹線流入水質の推移

一方、年間の総合処理水質を評価したのが図2-8である。図から、対象処理場では高級処理水質については年間を通じて、水質基準値（COD35mg/L）に対して問題なく安定した処理機能を果たしていることが分かる。

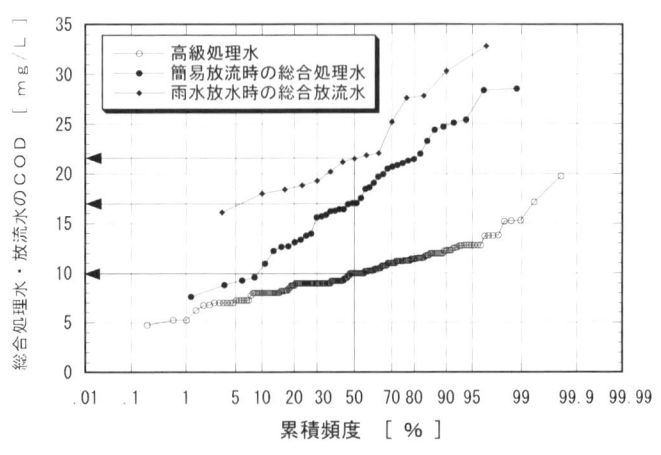

図 2-8　総合放流水の年間COD分布

降雨時については場内に雨水貯留槽を有しているとはいえ、簡易放流や雨水放水時の総合処理水については、その水質レベルが危惧された。調査時点では、水質検査態勢が降雨に即応して行っているわけではなかったため正確ではないが、降雨日に行った日常水質試験結果を元に簡易放流時や雨水放流時の総合処理水質を算定した。試算方法は、簡易放流時の総合処理水質として高級処理水と最初沈殿池出口水のCODを高級処理水放流量と簡易放流量の日量で平均し、雨水放水時の水質はさらに流入幹線水のCODと雨水放水量分を加えて平均化を行ったものである。

その結果、図2-8に示したように高級処理水の平均CODが10mg/Lであるのに対して、簡易放流時は平均17mg/L、雨水放水時は平均22mg/L程度の濃度になっているとの試算結果が得られた。

試算結果としては、雨水放水時においてもCODに関する現状の放流水質基準（COD35mg/L）は満足できることが最大値から推定された。しかし、これらの値は、実際の水質分析値ではなく、あくまで「試算」であり、雨天時においても下水道に求められる水質保全の役割を確実に果たすためにも、引き続き雨天時の放流汚濁負荷の削減が課題となっている。

（7） 雨天時貯留槽

調査対象処理場には最初沈殿池の下部に初期雨水を貯留する雨天時貯留槽が設置されている。容量は北系施設（9,040m^3×8池）と南系施設（11,380m^3×2池）の合計95,080m^{3}であり、処理能力40万m^{3}の24％に相当する。使用実態としては、初期雨水の貯留のほか、晴天時における深夜から早朝の間の少水量時の処理水確保用原水調整槽としても活用している。

図2-9は、その貯留槽の使用実態を示すものである。その結果、雨天時の利用水量は平均17,000m^{3}と施設容量の2割を切る低いレベルに留まっていることが分かった。そして、晴天時の少水量時の処理水確保のための利用も平均12,000m^{3}程度と雨天時と大差のない値となっている。図2-10に、各降雨に対する貯留量（注：水量としては「返水量」を計量している）を図示すると、20mm以下の降雨においては、比較的貯留量（返水量）が多いケースもあるが、それを超えても貯留実績は増えていない。この原因は降雨強度が上昇する場合には、雨水の早期排除、浸水防除が第一の運転目的となるため、雨水を系内に貯留せず、不測の事態に備えて早期に排除する運転方針が優先していることを示している。

図2-9　貯留槽返水の頻度分布

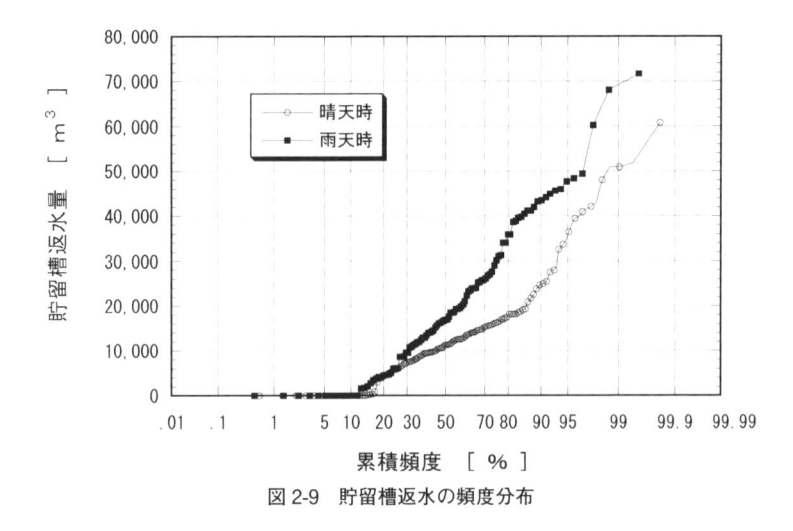

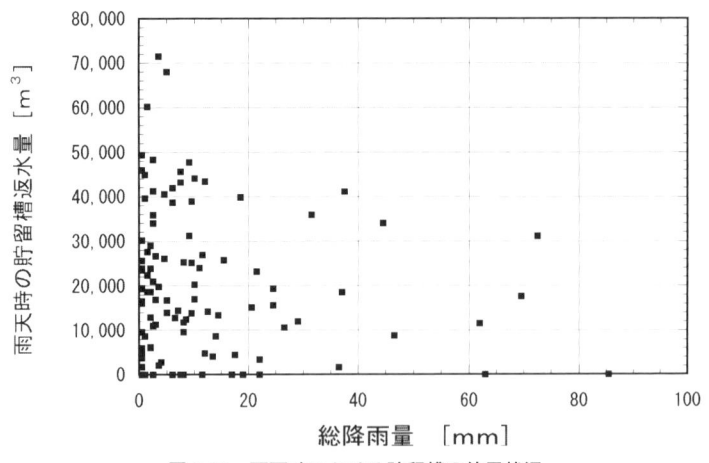

図2-10　雨天時における貯留槽の使用状況

　いずれにせよ、本来の雨天時汚濁対策としての貯留槽については、小降雨において使用価値が高まるわけで、小降雨においていかに貯留量を増やすかが課題となっていることが分かる。

（8）　**最初沈殿池**

　対象処理場には北系施設に8池（各5,760m^3）、南系施設に2池（各5,790m^3）、合計容量57,660m^{3}の最初沈殿池がある。平均的には約3.8時間の沈殿時間となっ

ているが、一方で雨天時には沈殿処理のみで放流するいわゆる「簡易放流」を実施しており、その場合の沈殿時間の確保が課題となっていた。

しかし、図 2-11 から分かるように、その場合でも日平均で見れば滞留時間は平均 2 時間、最小でも 1 時間は確保されている。

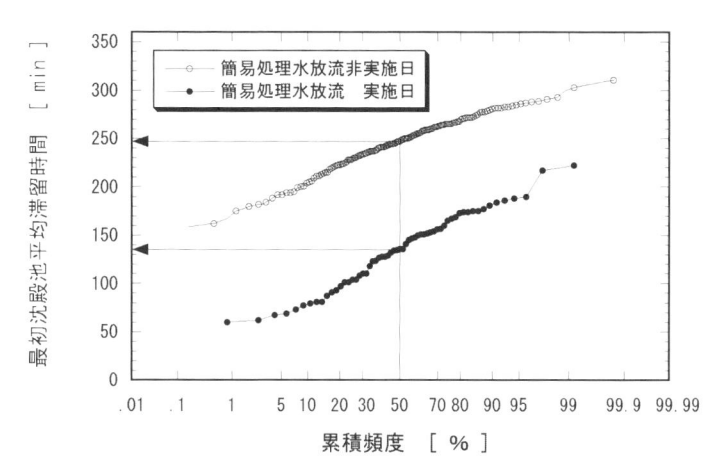

図 2-11 最初沈殿池における平均滞留時間の年間分布

また、図 2-12 に示すように、最初沈殿池における COD の除去状況については降雨状況に関わりなく、多くは 20％〜60％の範囲に分布していることが分かる。

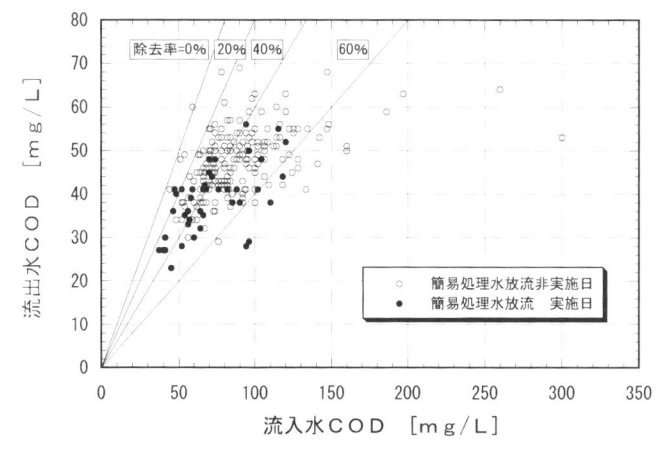

図 2-12 最初沈殿池における COD 除去の年間分布

（9） 生物反応槽

活性汚泥法の維持管理の基本は、季節に応じた生物反応槽の汚泥量と溶存酸素濃度の管理であることは言うまでもない。また、1年を通じて見ると季節変動は水温変化に端的に現れる。

図 2-13 は毎日の気温と生物反応槽流入水温の変化を示したもので、これによれば、対象処理場においては冬期の平均水温として 17℃、夏期平均水温としては 28℃を想定すればよいことが分かる。

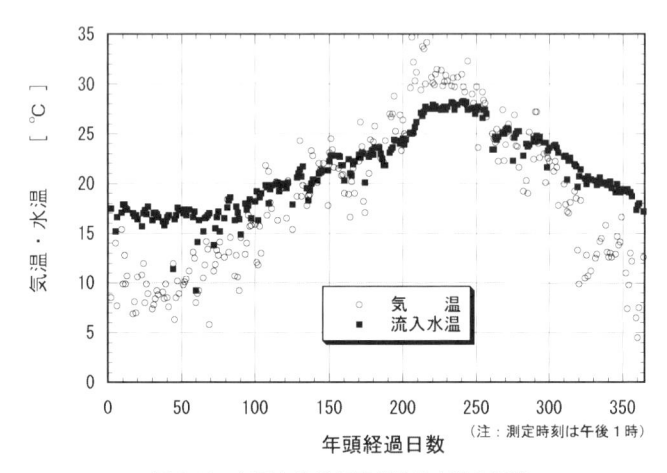

図 2-13　気温と生物反応槽流入水温の推移

また、水温的に季節を分類すれば 4 月 20 日（年頭経過 110 日）頃から水温が 20℃を超え以降 12 月 5 日（年頭経過 339 日）過ぎまでその値を下回ることはない。一方、夏の水温として 25℃以上を目安とすると、7 月 18 日（年頭経過 199 日）以降 9 月 30 日（年頭経過 273 日）までが「夏期」と見なされる。一般に下水の水温は通常の季節感より遅れて水温変化が生じる特徴がある。

一方、**図 2-14** は生物反応槽流入水温と処理水 COD の関係を示したもので、水温が上昇するにつれて処理水質が向上する傾向が分かる。しかし、注意して見ると水温が 25℃を越えた段階から再び COD が上昇する傾向も見られる。これは標準活性汚泥法の施設においては水温の上昇に伴って硝化が進行するが、その際硝化が不完全に行われるとアンモニアが硝酸にまで酸化されずに途中の亜硝酸で留まり、これが処理水の COD を上昇させることが主要な原因と考えられる。

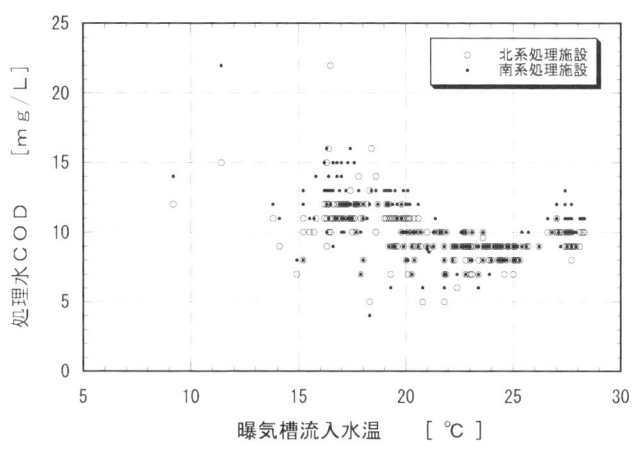

図 2-14 生物反応槽流入水温と処理水 COD

　また、図 2-15 は高級処理水量当たりの送風量を累積で比較したもので、総量としては送風倍率として 5.2 倍と平均的な値であることが分かる。

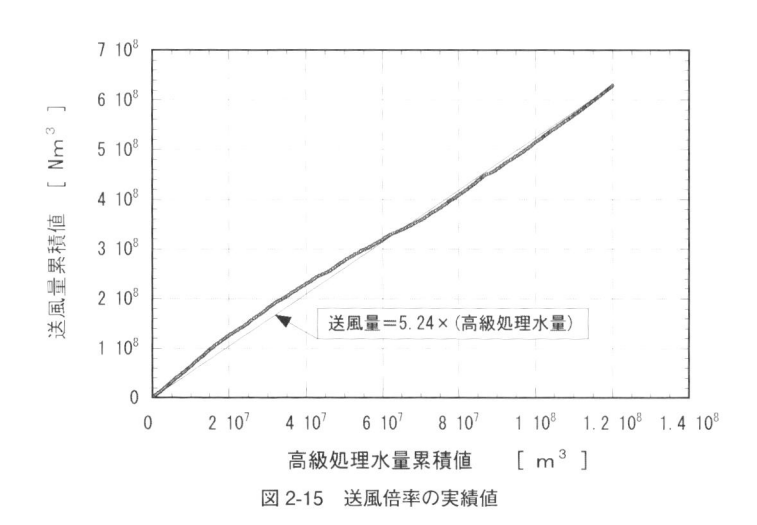

図 2-15 送風倍率の実績値

　図 2-16、図 2-17 に生物反応槽末端の MLDO、SV の累積分布を、図 2-18 に処理水量に対する余剰汚泥引抜き量の累積比較を、図 2-19 に曝気槽流入水質と処理水質の累積分布を示した。

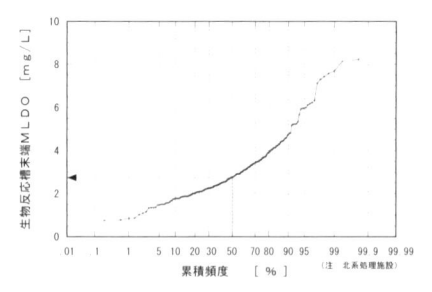

図 2-16 生物反応槽末端 MLDO の年間分布

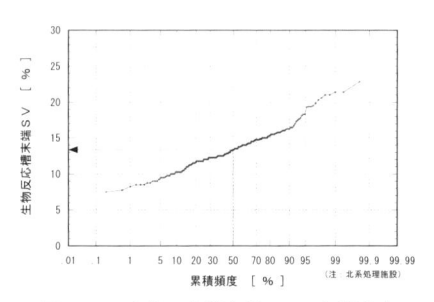

図 2-17 生物反応槽末端 SV の年間分布

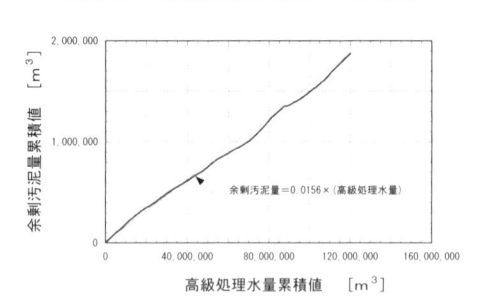

図 2-18 高級処理水量と余剰汚泥量

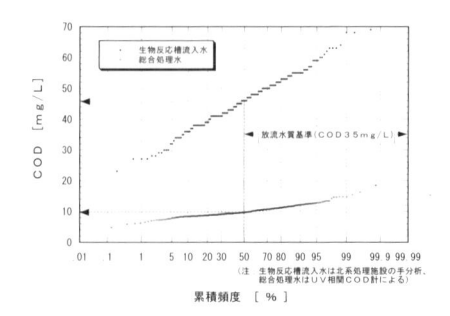

図 2-19 生物反応槽流入水と処理水の COD 年間分布

これらから、生物反応槽の平均 MLDO としては 3mg/L、SV としては平均 13％であり、処理水量当たり余剰汚泥引抜量は平均 1.56％であることが分かる。

また、処理状況は、生物反応槽流入水質が平均 COD46mg/ℓ であることに対して処理水 COD が平均 10mg/ℓ であり、流入水質の変動に対しても処理水質は極めて安定している。

(10) 汚泥処理施設の運転経過

図 2-20 は年間の生汚泥量（最初沈殿池引き抜き汚泥＋余剰汚泥）とケーキ発生量および焼却灰の発生量の経過を、図 2-21 は、生汚泥量に対するケーキ発生量と固形物量の累積値をそれぞれ示したものである。

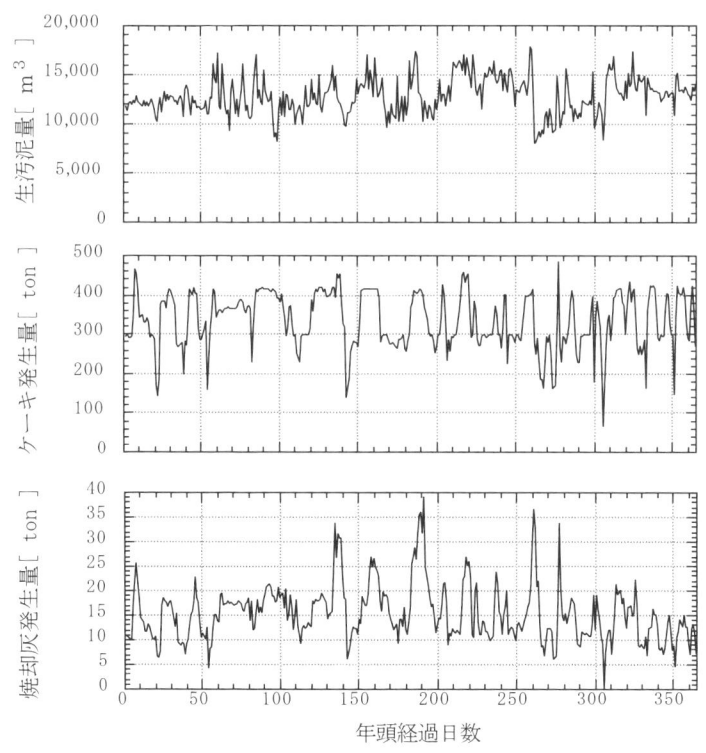

図 2-20 汚泥処理施設の運転経過

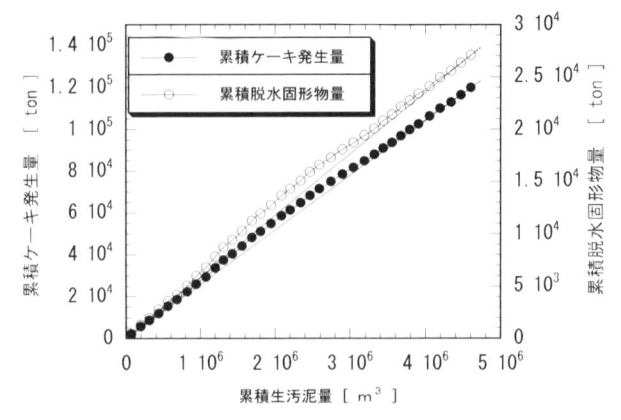

図 2-21　生汚泥量と脱水ケーキ、固形物量の累積比較

　本事例の場合、年間の生汚泥量は 1 月から 2 月（年頭経過 59 日）にかけては安定しているが、3 月（年頭経過 60 日）には増加している。その後断続的に生汚泥量が変動し、8 月（年頭経過 213 日）には月の大半が増加時期に該当し、いったん 10 月（年頭経過 274 日）に低下するものの、再び 11 月（年頭経過 305 日）には増加し始め、12 月（年頭経過 335 日）になって低下する傾向が見られた。ケーキ発生量について見ると、生汚泥量にケーキ発生量が対応していない場合は、場内返水として水処理系に汚泥が循環していることを意味している。また、焼却灰の発生量が脱水ケーキ量に対して著しく高い場合が見られるが、これは降雨等による土砂の流入に由来するものと思われる。

(11)　汚泥濃縮

　汚泥の濃縮性について、重力濃縮を行っている最初沈殿池汚泥と遠心濃縮を行っている余剰汚泥について個別に傾向を見ると、以下のことが分かる。
　最初沈殿池からの汚泥については、**図 2-22** のように濃縮汚泥量は投入汚泥量に対して 0.234 倍の水準で推移し、順調な場合は 4 倍程度の濃縮性能があることが分かる。しかしながら、詳細に見ると、投入汚泥量に対して濃縮汚泥量が低下する時期と再び増加する時期が認められる。低下する時期については濃縮性が良くなるため、引き抜き汚泥量が少なくなるが、増加する時期については濃縮性の低下により引き抜き量を増加させて重力濃縮槽の汚泥界面を保持する操作となることに起因している。

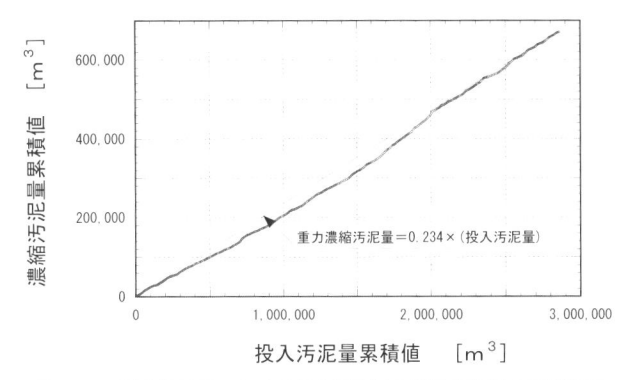

図 2-22 重力濃縮槽における投入汚泥量と濃縮汚泥量の累積比較

一方、遠心濃縮を行う余剰汚泥については傾向は前述の重力濃縮とは逆に、夏期に向かって濃縮汚泥量は投入に対して増加し、その後、年末に向かって減少する傾向がある。遠心濃縮機においては濃縮汚泥濃度を一定値に保つのが一般であることを考えると、これは夏期には曝気槽内の活性汚泥濃度を低く保つ傾向から、発生する余剰汚泥量が増加するが、冬期に向かっては活性汚泥濃度を高めに保つために余剰汚泥の発生量が低下することに起因するものと思われる。

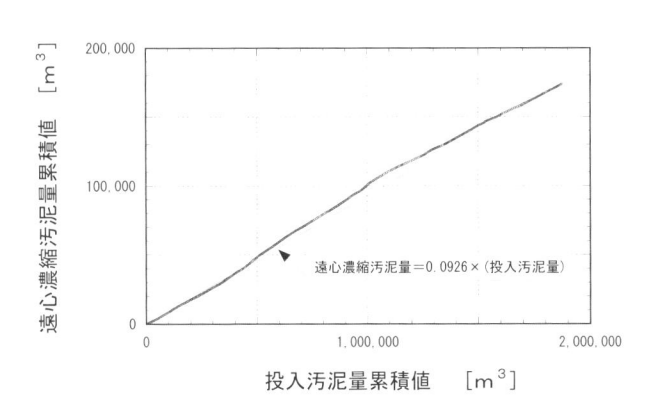

図 2-23 遠心濃縮機における投入汚泥量と濃縮汚泥量の累積比較

(12) 汚泥脱水

図 2-24 に、脱水機に投入した濃縮汚泥量と脱水ケーキ（湿ケーキ重量）の累積値の比較を行った。その結果、汚泥脱水機における投入濃縮汚泥から脱水ケーキへの減容化率は平均 0.146 であることが分かる。一方、細部の傾向を見ると、1 年のうち年頭は安定するものの、その後 7 月上旬まで投入汚泥量に対する脱水

ケーキの発生量は増大し、9月下旬以降は一転して減少に移って再び安定化傾向にあることが分かる。

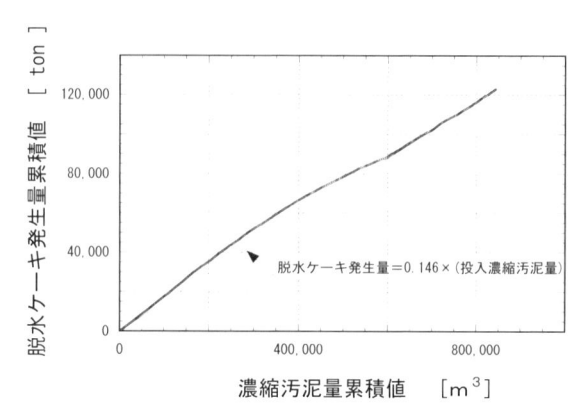

図 2-24 汚泥脱水機における投入濃縮汚泥量と脱水ケーキ発生量の累積比較

1日当たりの脱水ケーキ量は図 2-25 に示す通り、大きく 300 トン付近と 420 トン付近の2グループに分かれるが、これは当該処理場には脱水ケーキの貯留施設がないため、既存の汚泥焼却炉の焼却能力（120、180、300、300）に応じた脱水ケーキ量の生産にせざるを得ないことに起因するものである。

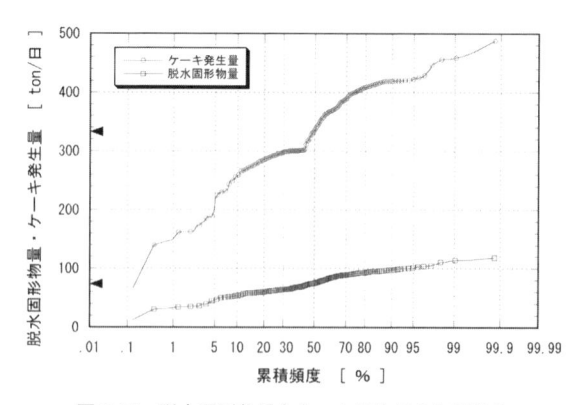

図 2-25 脱水固形物量とケーキ発生量の年間分布

また、脱水固形物としては年間を通じての平均は 80 トン前後であるが、最大能力として 100 トンを見込めば、年間を通じて 90％以上必要な脱水を確保できることが分かる。

汚泥脱水機の年間性能については、図 2-26 に示すように、1 台当たりのケーキ発生能力として 1.75 トン／時、固形物脱水能力として、ろ布幅 1m 当たり 131kg/時と、ほぼ性能仕様通りの値を確保していることが立証された。

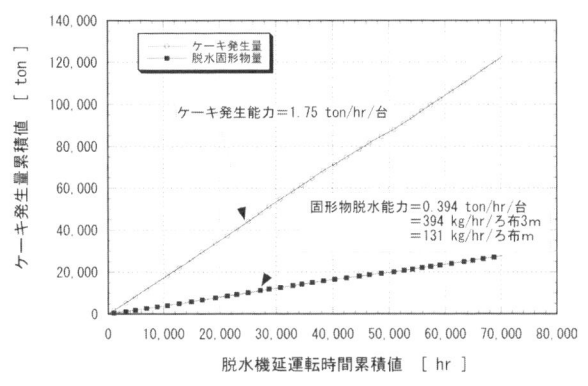

図 2-26 脱水機の年間性能実績

なお、年間データに基づく薬注率とケーキ含水率の関係は、図 2-27 に示すように、一見、薬注率を増やせばケーキ含水率が上昇する傾向を見せるが、これは、汚泥の脱水性が悪化した際の対応として薬注率を増やしてケーキ含水率を確保しているため、年間を通じて見るとこのような一見、矛盾する傾向が生じるものと解釈される。

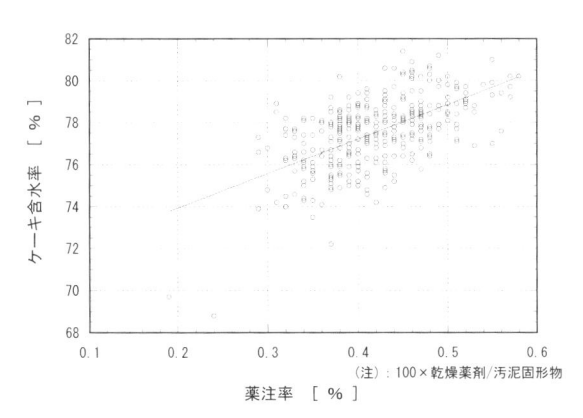

図 2-27 薬注率とケーキ含水率

(13) 汚泥焼却

焼却炉については、対象処理場における 300 トン炉 2 基について図 2-28 と図

2-29 に性能評価を行った。その結果、乾燥機を持つ 3 号炉については運転操作の変動が大きいものの、エネルギー消費量が少ない数値を得た。すなわち年間数値としては、脱水ケーキ 1 トン当たりの都市ガス使用量 9.1m^3、電力使用量 76kWh であった。

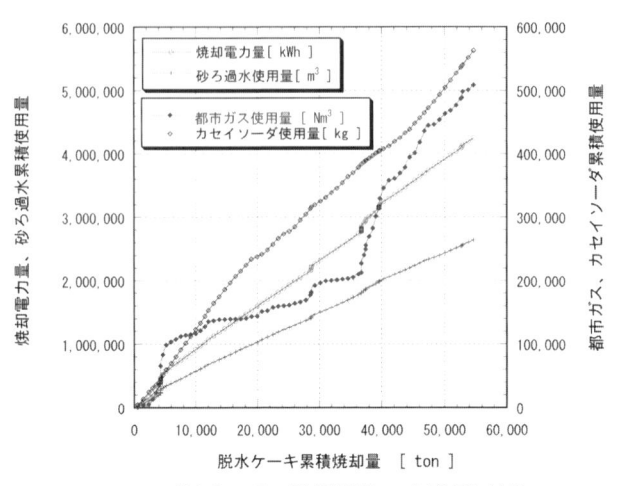

図 2-28 焼却炉 3 号（乾燥機付）の年間運転性能

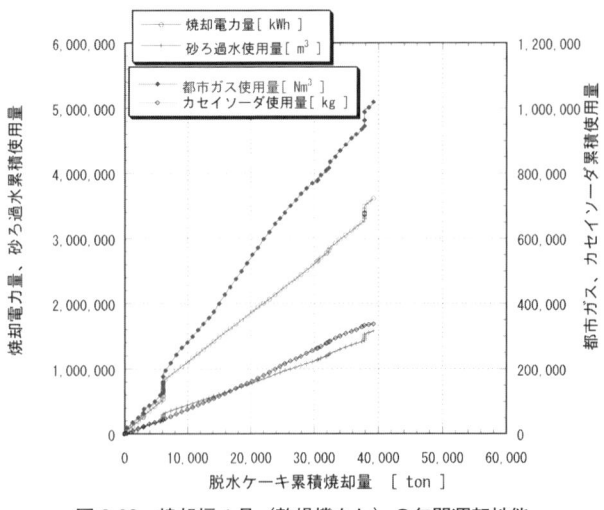

図 2-29 焼却炉 4 号（乾燥機なし）の年間運転性能

これに対し、乾燥機を持たない 4 号炉は脱水ケーキ 1 トン当たり都市ガス使用

量25m³、電力使用量90kWhとなり、特に都市ガスの使用量に関して余熱利用の乾燥機が燃費を半分以下に抑える大きな省エネルギー効果をもたらしていることが分かる。

また、焼却に伴う電力の使用量については、図2-30に示すように、当該処理場においては余剰汚泥への遠心濃縮の採用があるにもかかわらず、全体の汚泥処理に要する総電力に占める焼却電力の割合は2/3から1/2の範囲に分布しており、流動床式汚泥焼却炉が必要とする電力量の割合が高いことに留意すべきである。

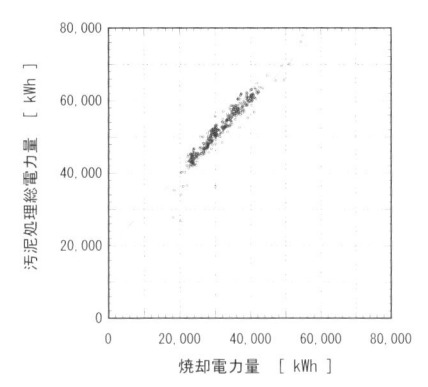

図2-30 汚泥処理総電力量に占める焼却電力の割合

なお、脱水ケーキの焼却に伴い発生する焼却灰については、図2-31に示すように、焼却を行うことによって4.7％までの減量化ができることが示されている。

焼却灰発生量 = 0.0465 × (脱水ケーキ投入量)

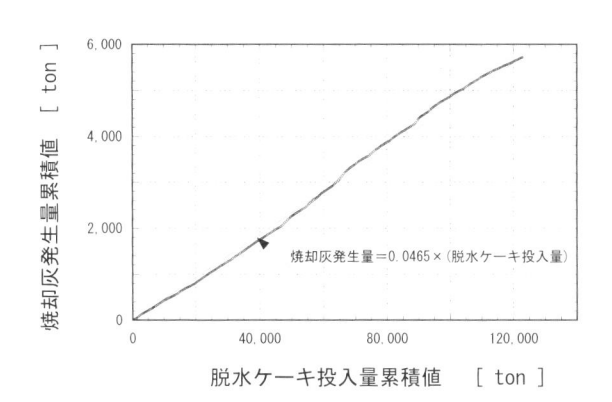

図2-31 汚泥焼却炉における脱水ケーキ投入量と焼却灰発生量の累積比較

(14) 汚泥返流水

汚泥処理に伴って返流水が発生する。濃縮槽の越流水、遠心濃縮機の分離液、脱水機のろ液がそれである。しかし、実際には図 2-32 に示すように、これら汚泥に含まれる水のほかに各機器の洗浄水等を含め汚泥量の 4 〜 5 倍もの返流水が発生する。言い換えれば、処理すべき汚泥量の 3 〜 4 倍の場内雑用水を常時汚泥処理施設に安定的に供給する必要がある。したがって、早朝等、少水量の時間帯においていかにして場内雑用水を確保するかが運転上の制約になる場合が多い。

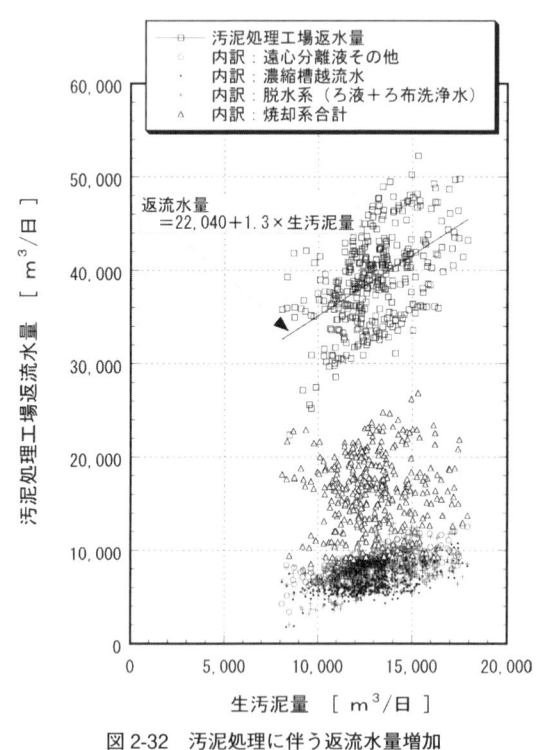

図 2-32 汚泥処理に伴う返流水量増加

下水処理場にとっては、汚泥処理が安定的になされることが水処理が成り立つ前提であり、汚泥処理を抱える各処理場とも、汚泥処理系への雑用水供給は処理場設備の中にあってライフライン的な存在となっている。

Coffee Break−2

有機物の分解

　微生物による有機物の分解は、微生物の呼吸・活動の形態から、好気性分解型と嫌気性分解型とに大別されます。

　好気性分解を行う好気性微生物は、その呼吸に酸素分子を必要とし、水中では溶存酸素を利用します。下図に好気性分解の概要を示します。いま有機物がCOHNSの各元素から成り立っているとした場合、最終生産物としては、炭酸ガス（CO_2）と水（H_2O）、そして硝酸塩（NO_3^-）や硫酸塩（SO_4^{2-}）が挙げられます。これらはその濃度レベルによるが、環境境保全上、一般に問題視されることはありません。しかしながら例えば下水処理場で見られるように、酸素（O_2）を供給するために比較的大きなエネルギーを費やします。

　一方、同図には嫌気性分解の概要も示しました。嫌気性微生物は酸素（O_2）を必要とせず有機物を分解し、最終的に炭酸ガス（CO_2）、メタン（CH_4）、アンモニア（NH_3）、そして硫化水素（H_2S）を生産します。アンモニア（NH_3）や硫化水素（H_2S）の生産は、臭気等の点から環境保全上、好ましいとはいえません。しかしながらこの分解では、メタン（CH_4）というエネルギーが回収できることが特長です。汚泥処理において嫌気性消化工程を採用している下水処理場では、発生したメタン（CH_4）を利用してガス発電を行っているところもあります。

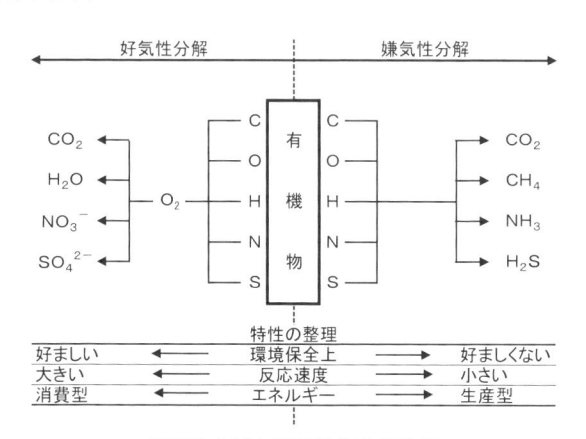

好気性分解と嫌気性分解の特性

	好気性分解		嫌気性分解
好ましい	←	環境保全上	→	好ましくない
大きい	←	反応速度	→	小さい
消費型	←	エネルギー	→	生産型

【参考文献】
合田健、山本剛夫、中西弘、津郷勇、西田薫　著、わかり易い土木講座　15 土木学会編集「衛生工学」、（株）彰国社

3 汚泥の集約処理の可能性検討

設備更新や維持管理費の縮減を目的に汚泥処理の集約化が図られる。送泥管による汚泥集約処理への移行に当たっては、受け入れ側の処理場に各種の影響が及ぶ。既存の維持管理データによる検討のほか、試験送泥により事前に問題点を確認しておくことが必要である。

監理 (Management)

ポイント

- 受泥側の処理場が有する濃縮・脱水・焼却各々の実質処理能力を汚泥量の日変動を見込んで評価する
- 送泥に伴う汚泥増加量を予測し、試験送泥により確認する
- 受泥側の処理場における受泥先を選定し、試験送泥により妥当性確認を行う
- 試験受泥を行い、受泥側処理場全体での問題点の把握を行う

検討フロー

現有汚泥処理能力の把握
- 重力濃縮槽における操作条件と濃縮率から濃縮性能の予測式を導出
- 受泥後の予測操作条件から重力濃縮槽の濃縮性能を予測
- 汚泥脱水機の年間運転実績から平均的な脱水能力を算定
- 汚泥焼却炉各号の年間運転実績から平均的な焼却能力を算定

↓

汚泥量の日変動の考慮 ← 汚泥集約処理による受泥増加量の算定

↓

増加後の汚泥処理量に対する現有処理能力との対比評価（平均、最大） ← 受泥方式の検討

↓

試験送受泥による確認
　汚泥増加量の実態、受泥方式の妥当性、各処理プロセスでの問題点

↓

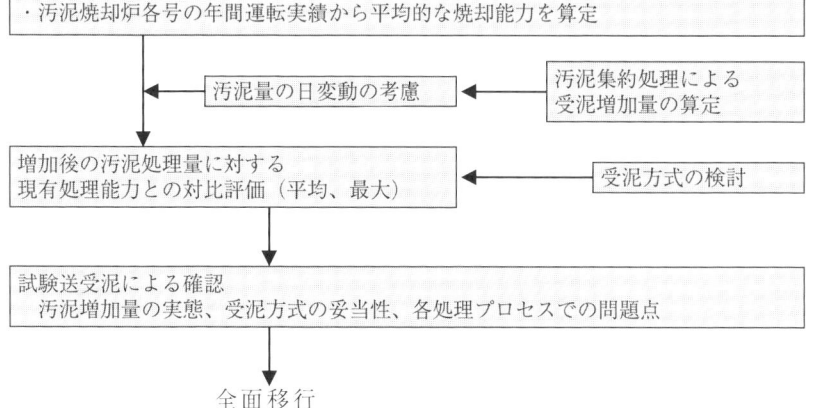

全面移行

使用データ

維持管理年報データ
試験運転時データ

3 Feasibility study on sludge treatment consolidation

Consolidation of sludge treatment aims to reduce the replacement and maintenance costs of equipment. Transition toward consolidated sludge treatment with the sludge transportation pipe causes various effects on the receiving plant. Apart from study based on the existing maintenance data, probable problem factors should be identified beforehand through test sludge transportation.

Essential points

- Actual treatment capacities of the sludge receiving plant in terms of thickening, dewatering, incineration etc. will be evaluated taking the daily fluctuation of sludge volume into account.
- Increment of sludge due to sludge transportation will be predicted and confirmed by test sludge transportation.
- The sludge receiving destination of the receiving plant will be selected and validated through test transport.
- Test sludge receiving will be made to identify the problem factors of the sludge receiving plant as a whole.

Study flow

Understanding the existing sludge treatment capacity
- Deriving the formula to predict the thickening performance from the operation conditions and thickening rate of the gravity thickener
- Predicting the thickening performance of gravity thickener from the predicted operation conditions after sludge reception
- Calculating the average dewatering capacity from the actual annual operation record of the sludge dewatering machine
- Calculating the average incineration capacity from the actual annual operation records of each sludge incinerator

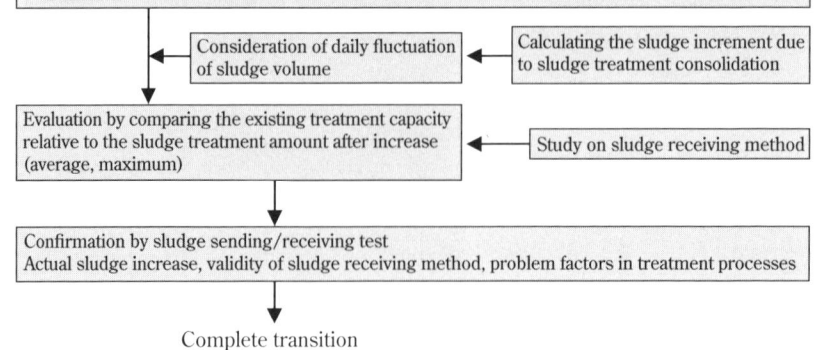

↓

Consideration of daily fluctuation of sludge volume ← Calculating the sludge increment due to sludge treatment consolidation

↓

Evaluation by comparing the existing treatment capacity relative to the sludge treatment amount after increase (average, maximum) ← Study on sludge receiving method

↓

Confirmation by sludge sending/receiving test
Actual sludge increase, validity of sludge receiving method, problem factors in treatment processes

↓

Complete transition

Data used

Data from the annual maintenance report
Data from test run

3.1 目的とその背景

　内陸部の処理場で発生する汚泥を圧送管により臨海部の汚泥処理施設に集約送泥処理する際に行った検討内容とその実施結果について示す。

　事例は図3-1に示す3処理場（A処理場：処理能力40万トン、B処理場：処理能力25万トン、C処理場：処理能力22万トン）間で、C処理場を起点としてC→B（口径400mm×2条、延長4.6km）、B→A（口径700mm、全長16.4km）のダクタイル鋳鉄製送泥管を使用して、B、C泥を全量、A処理場に送泥して、集約処理するものである。

　これらの送泥処理は以前から長期計画に位置付けられており、送泥管自体は完成して、C→Bは6年前から行っていた。今回、B→Aの検討に踏み切った背景には、B処理場における既存汚泥処理設備の老朽化への対応と集約化による汚泥処理コスト削減への期待があった。B→Aの実施により、B処理場汚泥処理施設の補修経費や委託管理費等が、年間約5億円以上節減された。なお、B処理場の汚泥処理施設は濃縮槽4槽、脱水機5台、焼却炉（50トン炉）2基であり、これらの諸設備のほとんどがB→A送泥により休止可能になった。

　集約前のA処理場における汚泥処理状況を図3-1に示す。A処理場には流入下水から固形物27.3トンが流入するほか、C処理場からは送泥によりの固形物24.2トン、B処理場からは汚泥処理施設停止時等の臨時的送泥として固形物2.8トンが流入していた。なお、受泥固形物量は24.2＋2.8＝27.0トンではなく、A処理場側での測定値25.9トンを基本に以後の考察を行った。

　A処理場では、主ポンプで揚水された流入水が各施設に振り分けられる「分水槽」に受泥してきた。これは、送泥濃度が0.1％台と薄いことから、最初沈殿池で流入水固形物と合わせて濃縮させる必要があったためである。受泥した汚泥はA処理場の流入水と混合した後、最初沈殿池から生汚泥として引き抜かれる。その後汚泥は、「分配槽」を経て3基の重力濃縮槽にて濃縮される。一方、余剰汚泥は貯留槽を経て、遠心濃縮機3台で濃縮される。両者の濃縮汚泥はベルトプレス型脱水機（計20台）により脱水後、流動床焼却炉（大小合わせて計4基）で焼却されている。

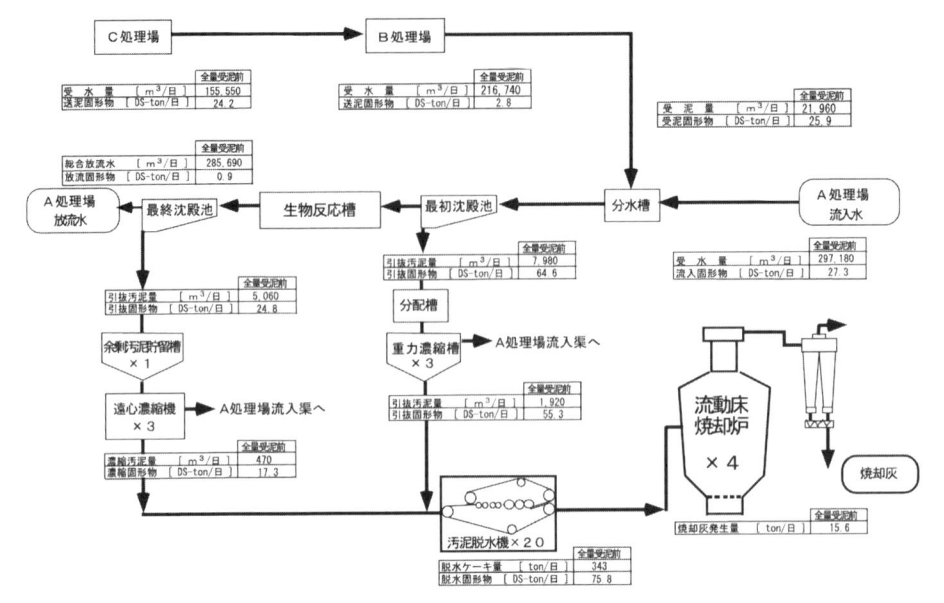

図 3-1 集約前の汚泥処理状況

3.2 実施上の問題点

全量受泥の決定を受けた受泥側のA処理場では、以下の4つの問題点の検討が必要となった。

① 現状でA処理場が有する濃縮、脱水、焼却の各能力で全量受泥が可能かどうかの検討
② 受泥を水処理系、汚泥処理系のいずれのルートで行うかの検討
③ 予想される受泥量の日変動に対する影響の検討
④ 処理プロセスや周辺環境への影響等についての実証試験による検討

上記のうち、③、④について補足すると次の通りである。

③汚泥量は月間日平均値として把握されているが、実際には雨量等の影響や水処理施設の運転条件の影響を受け大きく日変動する。そして、急激な日変動に対して各処理プロセスがどの程度まで対応できるかについては、整理された知見はなかった。

④B処理場においては、長期間の運転停止は処理施設の委託契約上からも問題があり、本格的な送泥実施以前には長期間の試験を行うことができなかった。

A処理場全体に対する影響の把握も必要である。C→B→Aの送泥に7時間を要するため、特に夏期には汚泥の腐敗から濃縮性や水処理成績への悪影響が懸念された。

3.3　問題解決に向けた取組方針

まず第一に既存データを用いて以下の机上検討を行う。
・送泥に伴う汚泥増加量の予測
・受泥方式の検討
・現有施設の実能力の把握と送泥後汚泥量との対比
・日変動を考慮した施設能力の評価

続いて汚泥の腐敗が進行する夏期に試験送泥を実施して、以下の確認を行う。
・送泥に伴う汚泥増加量の実態確認
・受泥方式の妥当性確認
・各処理プロセスにおける問題点の把握

これらを経て、年度下半期に予定された全量受泥に向けて受け入れ体制を整備した。

3.4　汚泥増加量予測と受泥方式の検討

汚泥量の増加予測については、年間平均値を基本としながらも、日変動についても加味した施設能力の評価を行うことによって受泥の可否を検討することにした。

(1)　年間平均値による汚泥増加量評価

まず、現状のA処理場の汚泥固形物の流入流出状況を整理した。
　　　　　　　　　　　　　　　（カッコ内は固形物量）
［流入水］　　　：297,180m³/日（27.3トン/日）
　　a系流入水：148,990m³/日、　100mg/L（14.9トン/日）
　　b系流入水：97,030m³/日、　　73mg/L（7.1トン/日）
　　c系流入水：51,160m³/日、　104mg/L（5.3トン/日）
［汚泥返流水］：22,590m³/日、　805mg/L（18.2トン/日）
［受泥］　　　　：21,960m³/日、1,180mg/L（25.9トン/日）
［放流水］　　　：285,690m³/日、　　3mg/L（0.9トン/日）

［脱水ケーキ］：343 トン／日　　　　　（75.8 トン／日）
　　［焼却灰］　　：　　　　　　　　　　　　15.6 トン／日
　以上から、現状のA処理場の固形物処理量としては脱水ケーキ量（75.8トン／日）を基本数値とした。
　これに今回、B処理場から発生する汚泥の全量が加算されることになる。この加算量については、B処理場における水処理系外への搬出固形物である脱水機投入の濃縮汚泥量相当分（年度実績22.9トン／日）を見込むものとした。B処理場の発生固形物量を脱水ケーキ量から算定しない理由は、B処理場の脱水機は石灰塩鉄系のため、汚泥の固形物収支の算定には不適切であったことによる。
　したがって、全量受泥時の固形物収支を以下のように算定した。
　　［流入水］　　：297,180m^3／日（27.3 トン／日）
　　［受泥］　　　：21,960m^3／日（25.9 ＋ 22.9 ＝ 48.8 トン／日）
　　［放流水］　　：285,690m^3／日（0.9 トン／日）
　　［脱水ケーキ］：
　　　　固形分 ＝ 75.8 ＋ 22.9 ＝ 98.7 トン／日
　　　　含水率 ＝ 78％（前年度の実績値）
　　　　脱水ケーキ発生量 ＝ 98.7 ÷（1.0―0.78）＝ 449 トン／日
　　［焼却灰］　　：
　　　　前年度の脱水ケーキ固形物当たりの焼却灰の発生率（15.6 ÷ 75.8 ＝ 0.206）より
　　　　焼却灰発生量 ＝ 98.7 × 0.206 ＝ 20.3 トン／日
　以上から、汚泥処理に関する固形物量としては、現状に比較して30％の増加を見込む必要があることが判明した（98.7 ÷ 75.8 ＝ 1.30）。

（2）　受泥方式の検討
　受泥量の増大に伴い、受泥方式としては、①汚泥濃縮槽への受泥、②分水槽への受泥、③分水槽／汚泥濃縮槽への切り替え受泥の3方式が考えられた。
　このうち③については、送泥側の処理場が「汚泥」と「洗浄希釈水」をいわゆるサンドイッチ状に送泥して来る場合に、受泥濃度に応じて、濃い「汚泥部分」は汚泥処理系に、薄い「洗浄希釈水部分」は水処理系に切り替えて受泥するものである。この方式は汚泥濃縮への水量負荷を大幅に抑えることができるが、実施可能な送泥条件が未確定である上に新たな切り替え弁の設置が必要になるため、全量受泥が安定した後の検討事項とすることにした。
　(a)　汚泥濃縮槽における濃縮性能予測手法の検討

送泥汚泥を汚泥濃縮槽で受泥することは、最初沈殿池への負荷を軽減でき、送泥汚泥中の溶解性リンや窒素の水処理系への負荷軽減にも結びつく方法である。しかし、その実施にあたっては、現有濃縮槽に投入した場合にも所定濃度の濃縮汚泥が抽出できることを証明する必要があった。

そのため、他処理場も含めて、重力濃縮槽10施設の操作条件と対応した処理成績についてデータ収集を行った。

結果を**表3-1**に示す。

表 3-1　各重力濃縮槽の運転実績（年平均）

			①	②	③	④	⑤	⑥	⑦	⑧	⑨	⑩
投入汚泥	固形物量	[ton/日]	46.1	38.4	40.4	23	102.3	143.6	109.2	42.6	48.7	100.8
	汚泥量	[m³/日]	7,950	3,362	9,620	2,670	5,590	8,920	21,870	5,740	4,550	15,750
	固形物濃度	[%]	0.58	1.14	0.42	0.86	1.83	1.61	0.5	0.74	1.07	0.64
	有機分比	[%]	76.4	68.5	79	79	75.9	67.8	76.2	75	76.4	76.5
濃縮汚泥	固形物量	[ton/日]	53.6	24.7	39.3	22.4	66.3	78.4	140.2	24	28.1	87.4
	汚泥量	[m³/日]	1,700	773	1,490	880	2,510	3,100	5,960	1,260	1,250	2,932
	固形物濃度	[%]	3.15	3.2	2.64	2.55	2.64	2.53	2.35	1.9	2.25	2.98
濃縮廃液	浮遊物質濃度	[mg/L]	155	1,776	210	331	3,199	4,778	226	193	221	504
濃縮操作	固形物負荷	[kg/m²·日]	39	68	64	55	104	146	59	150	117.3	72
	水面積負荷	[m³/m²·日]	6.8	5.9	15.3	6.4	5.7	9.1	11.9	20.3	11	11.2
	滞留時間	[時]	18.4	21.7	6.7	16.6	18.9	11.8	17.8	5.7	10.6	6.8
	回収率	[%]	116.3	64.4	97.3	97.4	65	55	128	61	62.4	98
	引抜流量率	[%]	21.4	23	15.5	33	45	35	27	22	27.5	19

重力濃縮に関係する操作条件としては、従来の「固形物負荷」、「水面積負荷」、「滞留時間」、「回収率」のほか、投入汚泥量に対する引抜汚泥量の容積割合を「引抜流量率」として新たに定義し、算定した。「引抜流量率」の持つ意味は、重力濃縮槽での濃縮を考える際、投入量に対する引抜量の大小も濃縮汚泥濃度に大きな影響を与えると考えたからである。

これら収集した各地の重力濃縮槽の濃縮性能を**図3-2**に示した。濃縮汚泥濃度は2.0％～3.2％程度に分布しているが、投入汚泥濃度との関係は認められず、操作条件との関係も不明確であった。

図 3-2 　各重力濃縮槽の濃縮性能

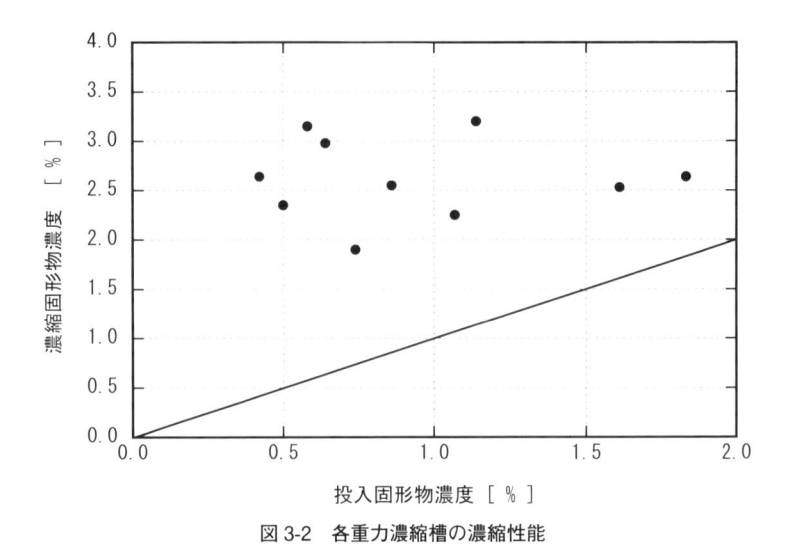

　そこで、これら表 3-1 の 13 項目と新たに投入汚泥に対する濃縮汚泥の濃度倍率を「汚泥濃縮倍率」として表し、計 14 項目の相関係数を求めた。その結果は表 3-2 の通りである。

3 汚泥の集約処理の可能性検討

表 3-2 汚泥濃縮操作因子と濃縮効果に関する相関関係

	[001]投入固形物量	[002]投入汚泥量	[003]投入固形物濃度	[004]投入汚泥有機分比	[005]濃縮固形物量	[006]濃縮汚泥量	[007]濃縮固形物濃度	[008]優液保存蒸発物質濃度	[009]固形物負荷	[010]水面積負荷	[011]滞留時間	[012]回収率	[013]引抜流量率	[014]汚泥濃縮倍率
[001]投入固形物量	1.000													
[002]投入汚泥量	0.575	1.000												
[003]投入固形物濃度	0.437	-0.439	1.000											
[004]投入汚泥有機分比	-0.405	0.141	-0.546	1.000										
[005]濃縮固形物量	0.785	0.914	-0.084	-0.034	1.000									
[006]濃縮汚泥量	0.759	0.900	-0.084	-0.027	0.982	1.000								
[007]濃縮固形物濃度	-0.042	-0.022	-0.009	-0.202	0.020	-0.142	1.000							
[008]優液保存蒸発物質濃度	0.669	-0.162	0.867	-0.717	0.158	0.137	0.108	1.000						
[009]固形物負荷	0.341	-0.243	0.541	-0.430	-0.152	-0.066	-0.654	0.491	1.000					
[010]水面積負荷	-0.103	0.249	-0.483	0.225	-0.036	0.057	-0.674	-0.395	0.425	1.000				
[011]滞留時間	-0.016	-0.142	0.323	-0.259	0.120	0.098	0.482	0.229	-0.453	-0.810	1.000			
[012]回収率	-0.071	0.639	-0.733	0.567	0.507	0.466	0.262	-0.582	-0.814	-0.048	0.169	1.000		
[013]引抜流量率	0.427	-0.251	0.842	-0.185	0.130	0.161	-0.180	0.664	0.328	-0.520	0.455	-0.368	1.000	
[014]汚泥濃縮倍率	-0.247	0.507	-0.862	0.501	0.226	0.165	0.343	-0.628	-0.714	0.235	-0.178	0.810	-0.757	1.000

このうち、「汚泥濃縮倍率」に関して高い相関性を有する操作因子として、「投入固形物濃度」（相関係数 -0.862）、「固形物負荷」（相関係数 -0.714）、「引抜流量率」（相関係数 -0.757）を選択し、これら3つの独立変数による「汚泥濃縮倍率」への重回帰分析を行い、下記の関係式を得た。

$$\gamma = 69.19 / (C_{in}^{0.5568} \times L_s^{0.4059} \times R^{0.4409}) \tag{2.1}$$

γ ：汚泥濃縮倍率 ［－］
C_{in} ：投入固形物濃度 ［％］
L_s ：固形物負荷 ［kg/m² · 日］
R ：引抜流量率 ［％］

なお、上記相関式による予測値と実測値の間には、**図 3-3**に示すような良好な相関性があることを確認している。

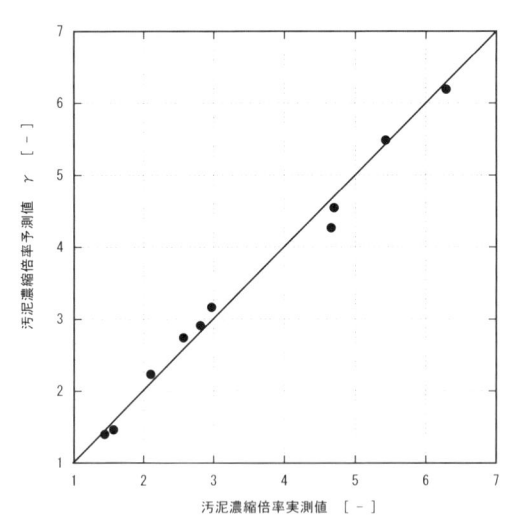

図 3-3　重力濃縮槽における汚泥濃縮予測式の評価

(b)　汚泥濃縮槽への受泥検討

まず、投入固形物濃度 C_{in} ［％］について算定する。処理場の年間実績に基づいて重力濃縮槽に投入される汚泥の内訳を以下に示す。

　　受泥分
　　　　　送泥流量　21,960m³/日　　　送泥固形物量 48.8 トン/日

最初沈殿池流入水 319,770m³/日、　142 mg/L（45.5 トン／日）
　　a 系流入水：148,990m³/日、　100mg/L（14.9 トン／日）
　　b 系流入水：97,030m³/日、　　73mg/L（ 7.1 トン／日）
　　c 系流入水：51,160m³/日、　 104mg/L（ 5.3 トン／日）
　　汚泥返流水：22,590m³/日、　805 mg/L（18.2 トン／日）
　　合計　　　　　　　　　　　　　　　45.5 トン／日

　生汚泥の引抜量としては最初沈殿池流出水の浮遊物質濃度を 45mg/L（年報実績）、引抜汚泥濃度を 0.55％（年報実績）と設定すると、最初沈殿池の引抜固形物量は流出分を除いて、45.5 −（319,770 × 45 ÷ 1,000,000）= 31.1 トン／日となり、引抜汚泥量は、31.1 ÷ 0.0055 = 5,655m³/日となる。
　汚泥濃縮槽への投入固形物濃度（C_{in}［％］）の算定

$$C_{in} = (48.8 + 31.1) \div (21,960 + 5,655) \times 100$$
$$= 0.29 \, [\%]$$

　固形物負荷（L_s［kg/m²・日］）の算定
　　　濃縮槽は負荷の低減化を図るため、当該処理場の施設数（3 槽）すべてを用いることとする。濃縮槽1槽当たりの水面積が 615m² であることから、

$$L_s = (48.8 + 31.1) \times 1,000 \div (3 \times 615) = 43.3 \, [kg/m^2 \cdot 日]$$

　従来の濃縮汚泥濃度（3％）が確保できるかの検討
　　　式 (3.1) に $C_{in} = 0.29$［％］、$L_s = 43.3$［kg/m²・日］、汚泥濃縮倍率 γ［−］= 3.0/0.29 = 10.3 を代入。
　　　10.3 = 69.19 ÷（$0.29^{0.5568} \times 43.3^{0.4059} \times R^{0.4409}$）より、引抜流量率 R［％］を求めると、R = 11.2［％］を得る。すなわち、投入汚泥量（21,960 + 5,655 = 27,615）m³/日に対し、引抜汚泥量を 27,615 × 0.112 = 3,092m³/日に設定すると、濃縮汚泥としては濃度 3［％］が確保できる。
　なお、この時の汚泥濃縮槽の滞留時間は濃縮槽1槽当たりの有効容積を 3,080m³ として、3 × 3,080 × 24 ÷ 27,615 = 8.0 時間であり、問題ないと判断した。

(c)　分水槽への受泥検討（従来方式）
　従来方式であり、実績がある一方、汚泥を直接流入水に混合するため、最初沈殿池への負荷増大についても検討する必要がある。
　最初沈殿池への流入負荷は、
　　受泥分
　　　　送泥流量　21,960m³/日　　送泥固形物量 48.8 トン／日

最初沈殿池流入水
  a 系流入水：148,990m^3/日、 100mg/L（14.9 トン / 日）
  b 系流入水： 97,030m^3/日、   73mg/L（ 7.1 トン / 日）
  c 系流入水： 51,160m^3/日、 104mg/L（ 5.3 トン / 日）
  汚泥返流水： 22,590m^3/日、 805 mg/L（18.2 トン / 日）
 合計   341,730m^3/日 276 mg/L（94.3 トン / 日）

すなわち、固形物量から算定した流入濃度は 276 mg/L となり、同様にして算定した前年度の平均値、

  （14.9 + 7.1 + 5.3 + 18.2 + 25.9）÷（297,180 + 22,590 + 21,960）× 1,000,000
  = 209 mg/L

と比較して、32％の増加程度を見込めばよいことが判明した。

なお、生汚泥の引抜量については、最初沈殿池流出水の浮遊物濃度を 45mg/L（年度実績）、生汚泥の平均濃度を 0.55％（年度実績）として、最初沈殿池の発生汚泥量を算定すると、

  （297,180 + 22,590 + 21,960）×（276 − 45）÷ 5500
  = 14,353m^3/日（9.96m^3/分）

と見込む必要がある。そして、既存の汚泥引抜ポンプ（定格能力5.3m^3/分×2系統、6.5m^3/分×1系統）の組み合わせにより所定の引抜が可能であると判断した。

濃縮槽への固形物負荷については、下記により設定した。
 投入固形物濃度 C_{in}：0.55［％］（年度実績）
 投入固形物量 = 0.55 × 0.01 × 14,353 = 78.9［トン / 日］
 固形物負荷 L_s：78.9 × 1,000 ÷（3 × 615）= 42.8［kg/m^2・日］

また、濃縮汚泥濃度を 3.0［％］、汚泥濃縮倍率 γ = 3.0 ÷ 0.55 = 5.45 を（1）式にそれぞれ代入して、

  γ = 69.19/（$C_{in}^{0.5568}$ × $L_s^{0.4059}$ × $R^{0.4409}$）
  5.45 = 69.19 ÷（$0.55^{0.5568}$ × $42.8^{0.4059}$ × $R^{0.4409}$）

よって、R = 21.3［％］となる。

以上より、引抜汚泥量としては、14,353m^3/日 × 0.213 = 3,057m^3/日とすることが必要で、この時の濃縮槽の平均滞留時間は 3,080 × 3 × 24/14,353 = 15.5 時間であり、問題ないと判断した。

以上の結果から、当面、受泥方式としては、①本来の汚泥濃縮槽への受泥、②従来通り分水槽への受泥の両方式とも可能であると判断した。

（3）既存施設能力との対比

脱水・焼却に関する既存施設の能力については年間の運転実績を基に対比を行った。なお、評価は年度数値ではなく、当該の検討時点に入手できた1月から12月までの1年分の運転実績値について行った。

(a) 脱水機

既存施設の脱水機はベルトプレス型（ろ布速度 0.62 ～ 2.51m/分、能力 150kgDS/時・m、ベルト幅 3m）で設置台数は 20 台である。

これに対して、濃縮汚泥 843,490m^3/日（内訳：重力濃縮汚泥 669,790m^3、遠心濃縮汚泥 173,700m^3/日）を脱水し、脱水ケーキ発生量 122,881 トン/日（固形物量 27,696 トン）を産出している。

脱水機の延べ運転総時間は 4,220,900 分と集計されていることから、脱水機 1 台当たりの平均稼働率を算定すれば、4,220,900 ÷ 60 ÷ 20 = 3,517 時間/台、すなわち、脱水機の平均稼働率は 40％台であることが分かる（3,517 ÷ 365 ÷ 24 = 0.40）。

また、現有脱水機の処理能力としては、122,881 ÷（4,220,900 ÷ 60）× 20 × 24 = 838 トン/日であり、全量受泥後の脱水ケーキ量推定値である 449 トン/日に対しても、449 ÷ 838 × 100 = 54％の稼働率で運転可能であることが判明した。

(b) 焼却炉

年間運転実績からは、各炉合計ケーキ投入量 122,881 トンに対して各炉ケーキ投入時間の合計値 841,050 分から、時間当たりの平均焼却ケーキ量は、

122,881 ÷（841,050 ÷ 60）= 8.77 トン/時である。

一方、焼却炉別（計 4 基）の内訳は、

1 号炉（100 トン/日）
  ケーキ投入量　　：17,365　トン
  ケーキ投入時間　：229,210　分
  平均焼却量　　　：4.55　トン/時

2 号炉（150 トン/日）
  ケーキ投入量　　：11,596　トン
  ケーキ投入時間　：114,960　分
  平均焼却量　　　：6.05　トン/時

3 号炉（250 トン/日）
  ケーキ投入量　　：54,696　トン
  ケーキ投入時間　：298,580　分
  平均焼却量　　　：11.0　トン/時

4号炉（300トン／日）
    ケーキ投入量   ：39,224　トン
    ケーキ投入時間   ：198,300　分
    平均焼却量   ：11.9　トン／時

以上から、4炉が同時稼働した場合の現有焼却能力（実績ベース）
 = （4.55 ＋ 6.05 ＋ 11.0 ＋ 11.9）
 = 33.5　トン／時
 = 804　トン／日

すなわち、4基の焼却炉は公称定格（100 ＋ 150 ＋ 250 ＋ 300 ＝ 800トン／日）通りの焼却能力を発揮していることが分かる。

しかし、焼却炉については、各炉とも年2回（約2カ月間）の整備点検を行う必要があり、4基を有するA処理場の場合、年間のうち、8カ月は焼却炉を1炉停止させる必要性を考慮する必要がある。

各炉の最大年間稼働時間を10カ月とすれば、上記4基の焼却炉の能力は平均670トン／日と見込む必要がある（804 × 10 ÷ 12 ＝ 670）。したがって、全量受泥時の推定ケーキ量（449トン／日）に対して、67％の稼働率で運転可能であることが判明した（449 ÷ 670 ＝ 0.67）。

3.5　日変動を考慮した施設能力評価

汚泥量の増加予測に対しては年間平均値を基本としながらも、日変動を加味した施設能力の評価を行うことによって受泥の可否を決定することとした。

A処理場における全量受泥前の年間の脱水ケーキ発生量（日単位）について検討した。図3-4に年間の脱水ケーキ発生量分布を示した。この図から、脱水ケーキ発生量の「平均値」343トン／日は中央値に近く、年間では183日程度まではその値以下で推移するが、一方では累積頻度95％値が430トン／日を示すことが分かった。すなわち、年間18日間は「平均値の25％増以上」の脱水ケーキ発生を見込む必要があることが分かる（430 ÷ 343 ＝ 1.25）。なお、95％値を採用した理由は、一月当たり1.5日程度起こり得る状況を想定したことによる。

これを全量受泥（脱水ケーキ平均発生量449トン／日）に当てはめると、全量受泥後の脱水ケーキの25％増、449 × 1.25 ＝ 561トン／日を見込む必要があることになる。

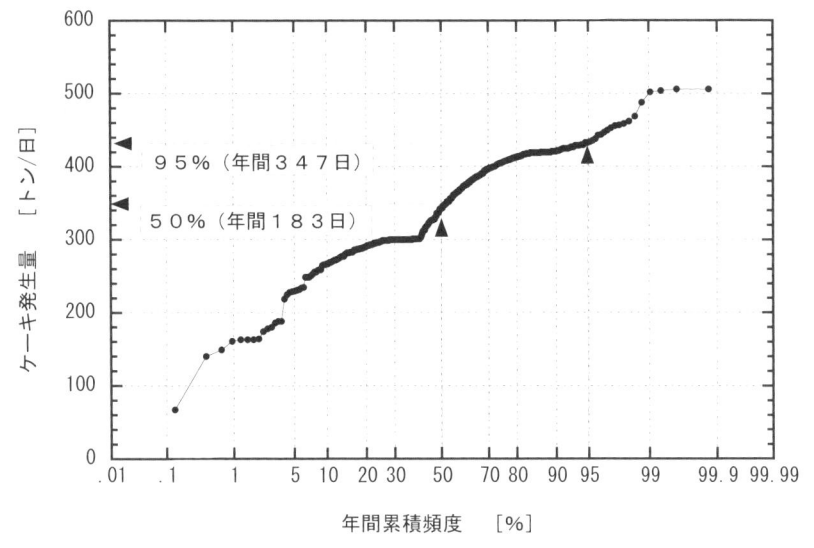

図3-4 年間の脱水ケーキ発生量分布

（1） 脱水機

脱水機については現有処理能力（838トン／日）に対して、この脱水ケーキ最大発生量（561トン／日）稼働率は67％程度であり、変動性を加味しても十分な能力を有している（561÷838＝0.67）。

（2） 焼却炉

最も厳しい運転条件は焼却炉4基のうち、大型4号炉（300トン／日）が定期補修に入った段階で、最大の脱水ケーキ量が生じるケースである。

その場合の、1〜3号の合計焼却能力は518トン／日に留まり（4.55＋6.05＋11＝21.6トン／時＝518トン／日）、脱水ケーキ最大発生量（561トン／日）には対応できないことが判明した。すなわち、4号炉の定期補修の2カ月間については、平均値としても87％の稼働率（449÷518＝0.87）であり、最大変動時には焼却能力を8％上回る脱水ケーキが発生することを想定すべきことが判明した（561÷518＝1.08）。

したがって、この検討結果を受けて、焼却炉の故障時も想定し、緊急対策として脱水ケーキの埋立処理体制も可能とする措置を行った（注：その後、全量受泥移行後の半年間に焼却能力が不足して埋立を行ったケースも発生した）。

また、この検討結果から、当時の施設計画部門に焼却炉の増設計画を早める必

要がある旨を報告し、その後の建設計画を早めることができた。

3.6　試験受泥とその実施結果

　上述のように計算上では、各設備はかろうじて今回の受泥に対応できることが判明したが、当面の移行期日が定められている状況下では、まず、夏期に向けて各10日程度計4回の試験受泥期間を設けることによって問題点の有無を検証することとした。

　以下に実施した試験受泥のうち、第1回試験受泥（4月16日～4月26日、分水槽受泥）と第2回試験受泥（5月28日～6月6日、汚泥分配槽受泥）の結果を示す。

（1）　第1回試験受泥結果（分水槽受泥）

　受泥初日（4月16日）から大きな降雨（49.5mm）に見舞われる等、試験期間（11日間）のうち、4日が降雨日となった。降雨の場合には、各処理場においては受水量の増大に伴い発生する汚泥量が増大する。しかし、分水槽に受泥した第1回の試験においては最初沈殿池からの汚泥引抜関係や重力濃縮槽の汚泥濃縮性（濃縮汚泥濃度3％確保）からも大きな問題は見られなかった。また、この期間における脱水ケーキ生産量は最大544トン/日（平均433トン/日）、ケーキ含水率は平均77.8％、固形物量は平均96.4トン/日であり、予測値（98.7トン/日）と近い値を得た。

　水処理系への影響については、最初沈殿池入口水質に関しては、受泥による大きな影響は認められなかった。また、最初沈殿池出口水質についても明確な傾向は把握できなかった。

　以上の結果から、汚泥焼却炉を順調（1号炉＋2号炉＋3号炉、もしくは1号炉＋2号炉＋4号炉の組み合わせ）に稼働させることができれば、分水槽への受泥は可能と判断した。

（2）　第2回試験受泥結果（汚泥分配槽受泥）

　本試験を実施するに当たっては、分配槽への投入汚泥量の増大に対応するため、事前に分配槽内の浚渫や越流開口部の孔明等の対策を行った。

　実施の結果は、試験期間中は降雨がなく、送泥固形物量は大きな変化はなかった一方で、濃縮汚泥濃度の低下傾向が顕著になった。ケーキ含水率（平均80.3％）も上昇し、濃縮・脱水ともに若干悪化する傾向が認められた。期間中の

脱水ケーキ生産量は最大491トン/日、平均431トン/日であり、固形物量は平均85トン/日であった。また、試験期間中の最初沈殿池入口のCODは94mg/L、出口CODは56mg/Lである等、年間平均（各々76、46mg/L）に比較して高めの傾向にあるが、第1回と同様に有意の差があるかどうかは判定できなかった。また、処理水質上も大きな変化は認められなかった。

しかし、設備上は各重力濃縮槽（3槽）への投入汚泥量の均一分配が困難であることによる濃縮槽泥位のバラツキやケーキの剥離性悪化が顕著になった。

さらに、全量受泥の試験を終えた6月6日以降、試験期間中に降雨時の経験ができなかったため、B処理場の焼却炉の点検に伴う半量受泥を引き続き汚泥濃縮槽で行って様子を見ることとした。なお、この間、6月3日～10日まで、電算機の不具合のため、2号炉焼却炉の運転ができなかったこと等を発端として、重力濃縮槽の越流水質が大幅に悪化する事態が生じた。また、高濃度返流水（COD最大2200mg/L）が最初沈殿池に戻ることによる最初沈殿池引抜汚泥量の増大が、濃縮槽への投入汚泥量増加をもたらす「汚泥循環」が生じた。このため、試験続行を断念し、6月11日、分水槽への受泥に切り替え、同時に2号炉を立ち上げた結果、返流水水質は従来レベルに低下させることができた（所要5日間）。

なおこの試験結果からは、これら現象の発端となる原因については明確にすることができず、後日再度受泥試験を行って限界条件を確認する必要があると考えられた。

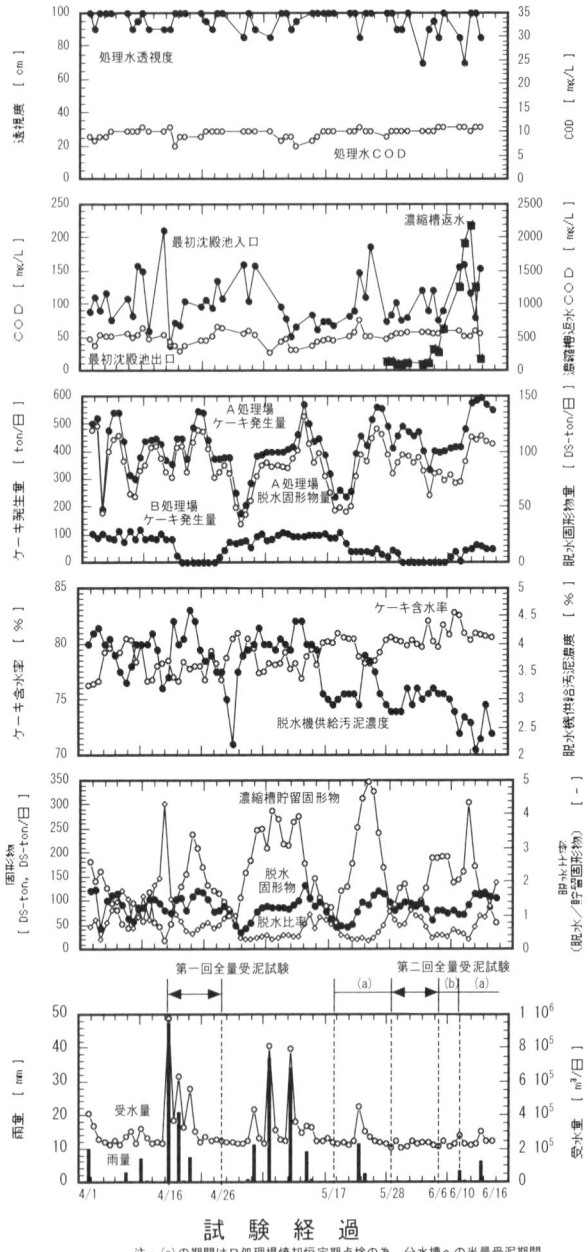

図 3-5 全量受泥試験経過

（3） 第3回試験受泥（6月20日～7月1日、分水槽受泥）

このほか、第3回目の試験受泥を当面の支障が出なかった「分水槽受泥」について再度実施し、受泥可能であることを確認した（詳細結果は割愛する）。

（4） 試験受泥の全体評価

試験受泥の結果、以下のことが明らかになった。

- 第1回、第3回試験受泥結果からは「分水槽への受泥」に関しては、余裕がないながらも現有施設能力の範囲内に入っており、大きな支障は認められない。しかし、今回の短期間の調査においても、下記に述べるように一部に対策を要する課題も発見されたため、設備の対応を急ぐ必要がある。
- 一方、第2回試験受泥結果からは「汚泥濃縮槽受泥」に関しては、現状では汚泥濃縮槽周辺の障害が多く発生するため、これら問題の解決がなされない限り、受泥は困難と考えられた。
- したがって、下半期からの全量受泥については当面、「分水槽受泥」を実施する一方、「汚泥濃縮槽受泥」については下半期に再度試験を行い、限界条件を調査することとした。
- なお、長期的な受泥体制を確保する上から、汚泥処理量の増加に伴う汚泥焼却能力の不足、汚泥濃縮性の低下、雨天時の高濃度汚泥による濃縮槽閉塞障害や汚泥脱水性の低下等への対策を早期に実施する必要がある。

また、分水槽受泥について、以下に要約した。

- 試験評価は、第1回（4月16日～4月26日）については降雨日が多かったため、第3回（6月21日～6月31日）についての平均数値について行った。
- 全量受泥に伴う汚泥処理量の増加については、前年度の年間平均値と比較した結果、A処理場において全量送泥に伴って増加した脱水固形物量26.4トン/日（102.2 − 75.8 = 26.4トン/日）は、B処理場における固形物発生量（22.9トン/日）にほぼ等しく、A処理場における汚泥処理固形物量の増加は35%と当初予定の30%と類似した値を得た（26.4 ÷ 75.8 = 0.35）。
- 受泥を最初沈殿池に投入する本方式により、最初沈殿池引抜汚泥量も同様に35%増になることが確認された。
- 試験期間中においては処理水質への影響は把握できなかったが、全量受泥後は流入下水による固形物流入量（27.3トン/日）の3.7倍相当の汚泥を処理する等、汚泥処理系の影響を大きく受ける処理場となることを確認した。
- また、全量受泥後は、当該処理場のみならず、流域3処理場の汚泥を集約処理する重要施設であり、その処理機能の確保には十分留意する必要がある。

(5) 設備上の課題

以下に試験受泥を通じて得た設備上の諸課題についてとりまとめた。

(a) 汚泥処理量の増加と汚泥焼却能力の不足

現有の汚泥焼却炉は100、150、250、300トン/日の各1基、合計800トン/日の焼却能力を有している。しかし、焼却炉は各炉とも年2回（約2カ月間）の整備点検を行うため、実際には順調に推移したと仮定しても、年間のうち8カ月は焼却炉を1基停止させていることになる。

また、先に示したようにさらに年間を通じると、降雨等の影響から従来でも図3-4に示したように汚泥処理量の変動がある。全量受泥後は年間日数の5%（18日）は561トン/日以上の汚泥発生を予測する必要があり、上述の250、300トン/日の焼却炉の点検時期に重なった場合には大幅な焼却能力不足が発生することが懸念されるため、今後、速やかに汚泥焼却炉の建設を進める必要がある。

(b) 汚泥濃縮性の低下

図3-6に、試験期間中と前年同期間中の同一重力濃縮槽内の汚泥濃度分布（毎日2回測定×3槽平均）の平均値を示す。この図から、全量受泥に移行するにつれ、重力濃縮槽における汚泥の濃縮性が低下する傾向が明らかになった。特に、引抜の汚泥濃度は従来の平均2.9%から2.4%に低下し、このことが脱水ケーキの含水率増加の原因になっている。濃縮は汚泥処理の基本であり、濃縮工程はその後の脱水や焼却に伴う費用に大きな影響を与えることからも、濃縮性確保の上からも遠心濃縮機等の増設を提案した。

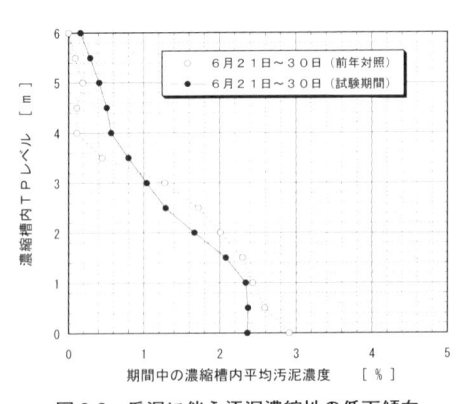

図3-6 受泥に伴う汚泥濃縮性の低下傾向

(c) 汚泥処理系における雨天時対策の充実

図3-7に、試験受泥期間外ではあるが、雨天時における重力濃縮槽の閉塞事故

例を示した。いずれも降雨に伴って発生しやすい現象であり、降雨により一時的に大量の汚泥および砂分が流入することが原因である。A処理場の場合、図に示すように降雨時には汚泥濃縮性は一転して急激に高まり、引抜汚泥ポンプを閉塞させる事態も発生することもある。これを防止するためには、汚泥濃縮工程と汚泥脱水工程との間に調整する機能を持たせるよう、貯留槽の設置を提案した。

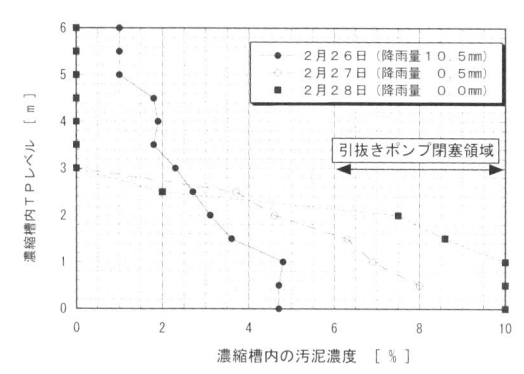

図 3-7 雨天時における汚泥濃縮槽閉塞状況

(d) 汚泥脱水性の低下

今回の試験結果から、汚泥脱水性については低下する傾向にあることを確認した。具体的には、ろ過速度については前年度平均（130kgDS/m時）に対して、121 kgDS/m 時と 7％低下し、含水率は 77.9％から 80.2％に 2.3 ポイント増加した。これに伴い、高分子凝集剤使用量も 317kg/日から 483kg/日へ 52％増加している。

(e) 汚泥処理系受泥への切り替え

今回の全量受泥方式は送泥をすべて水処理系（最初沈殿池）に投入するもので、当面の受泥方式として大きな支障はないと想定しているが、中長期的に見た場合には、雨天時の簡易放流水への汚泥の巻上げや送泥中の窒素・りん等の溶出問題への対応から、汚泥処理系への受泥を検討する必要がある。

(f) 硫化水素発生問題等への対応

送泥に伴って生成した硫化水素が越流（滝落とし）部で気化する分水槽では、従来も内部空間における硫化水素濃度は夏期には 100ppm を超えることがある。この影響は分水槽内部や最初沈殿池内部のコンクリート腐食をもたらしており、分水槽については防食工事が進められているが、処理場見学ルートに近い分水槽については脱臭装置についても設置を提案した。

3.7　全量受泥への移行とその実施結果

上記の試験送泥結果を受けて、9月18日よりB処理場における汚泥処理を停止し、A処理場における分水槽（水処理系）への全量受泥に完全移行した。以下に、その後半年間の経過と受泥後に明らかになった特徴について述べる。

受泥は当初、順調に推移したが、10月12日～15日の降雨により受泥量が増加したことに加えて、16日にA処理場の電気清掃による汚泥処理工場で午前中の全停作業があったことを発端として、重力濃縮槽における汚泥の越流が顕著になった。重力濃縮槽の返流水は最初沈殿池に戻されるため、最初沈殿池引抜汚泥量が増加し、再び重力濃縮槽への汚泥投入量が増加するという、いわゆる汚泥循環が発生した。

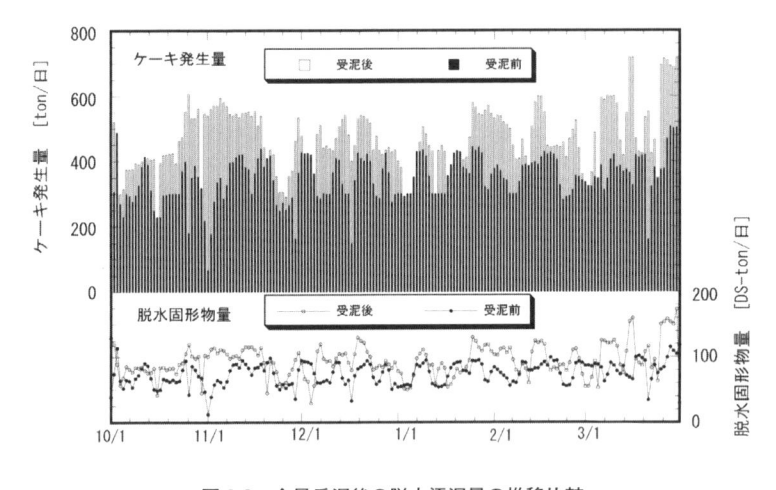

図3-8　全量受泥後の脱水汚泥量の推移比較

これに対して、焼却炉の連続3基運転や、脱水ケーキの場外搬出を行った結果、1カ月程の日数を要したが、11月中旬には完全に回復させることができた。なお、3月後半の同様の現象は、工事により重力濃縮槽を1槽停止した運転を行ったこと等によるものであるが、いずれも汚泥脱水量を増やすことで対処した。

全体としては、最初沈殿池へ負荷は増加したものの、処理水まで影響を与えることはなく、課題であった全量受泥を軌道に乗せることができた。

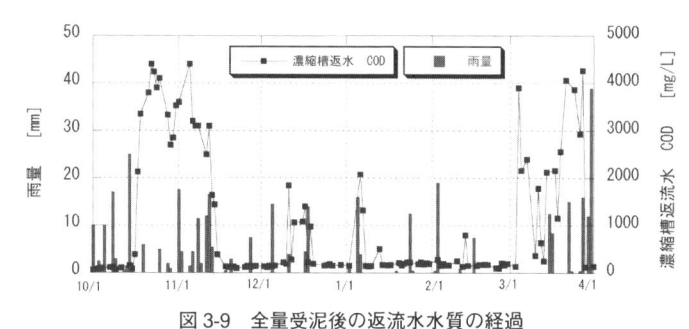

図3-9 全量受泥後の返流水水質の経過

次に、全量受泥後に明らかになった特徴について整理する。

まず、脱水ケーキの含水率(平均79.6％)については、**図3-10**に示すように、前年同期(平均78.4％)に比較して1％値以上、増加する傾向にあった。これについては、送泥による汚泥の脱水性低下については従来より知られているところであり、その影響が現れたものと考えられる。

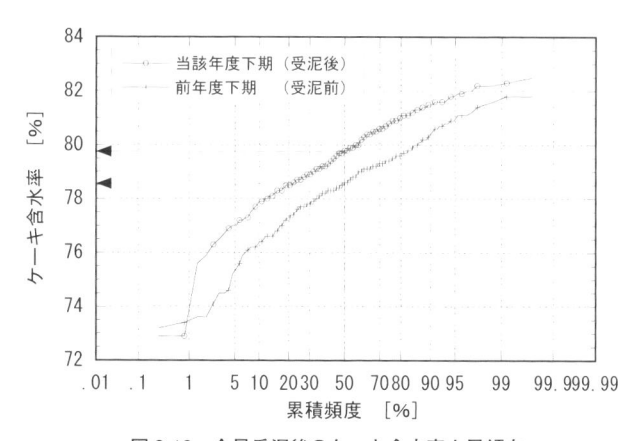

図3-10 全量受泥後のケーキ含水率上昇傾向

次に脱水ケーキの発生量について整理した。前年と全量受泥後の当該年度の下期における脱水ケーキ発生量の集計結果は、前年下期：63,862トン、当該年度下期：84,814トンであり、全量受泥後は33％増の脱水ケーキ発生量があり、当初の想定値(30％)が妥当であることを確認した。

他方、脱水ケーキ発生量の変動性については、当初は95％累積頻度に対応する値として561トン/日を見込んでいたが、実際には**図3-11**に示すように600トン/日を観測しており、変動性が高まることが判明した。

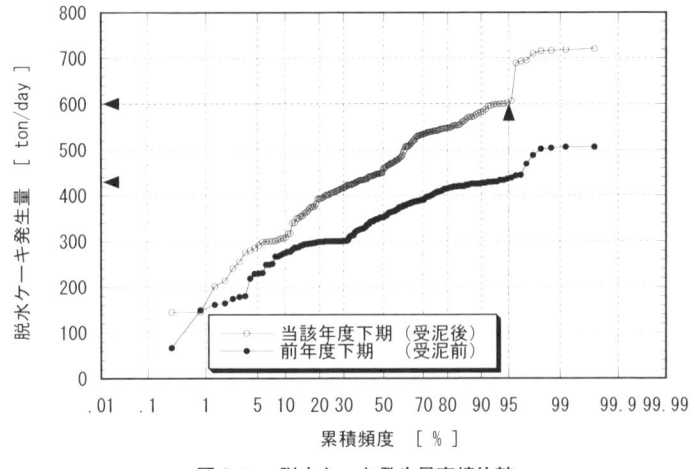

図 3-11 脱水ケーキ発生量実績比較

参考までに前年同期と比較した焼却炉各号の運転推移を図 3-12 に、この間の平均的な汚泥処理状況を図 3-13 に図示した。

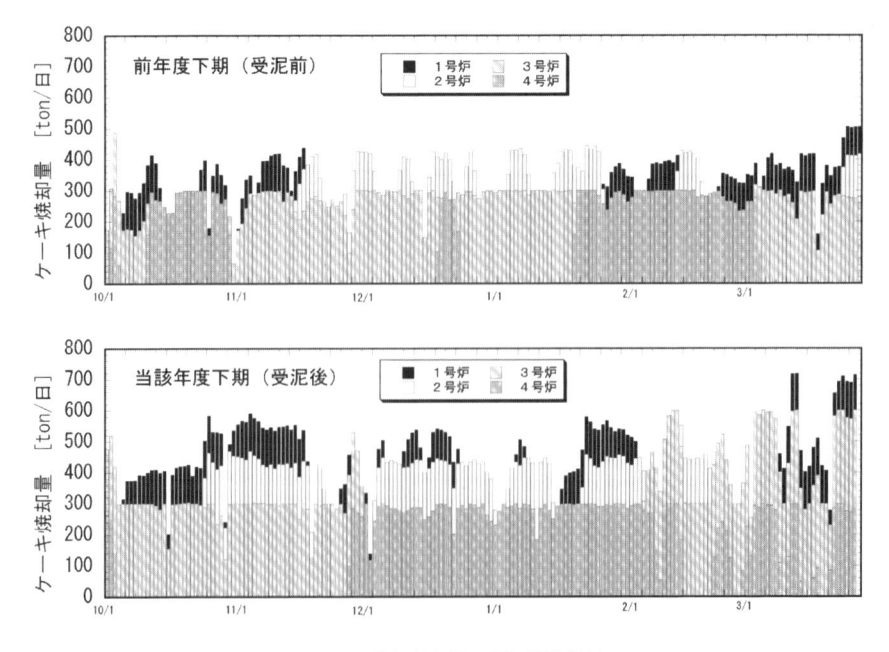

図 3-12 焼却炉各炉の運転推移比較

なお、この間、処理場設備としては、汚泥濃縮槽周辺設備の改良や受泥固形物量の日報管理等、汚泥処理関連施設の整備を重点的に進めた結果、順調に推移しており、翌年5月からは、懸案であった汚泥処理系分配槽への受泥に移行した。

また、全量受泥に伴って余裕がない汚泥濃縮施設の増強策として、全量受泥の翌年には遠心濃縮機2台の増設、3年後には新たに汚泥焼却炉1基の増設が行われており、現在では安定した汚泥の集約処理が行われている。

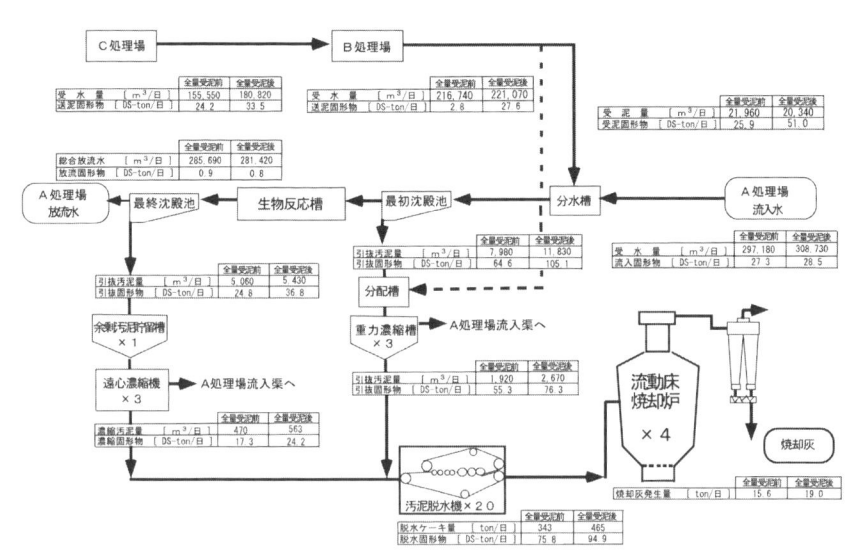

図 3-13 集約後の汚泥処理状況

3.8 結果の評価

上述した通り、本事例によって3処理区の汚泥集約処理が達成され、A処理場においては年度下期の脱水ケーキの対前年増加率が当初の予測通り33％増となった。水処理への影響も顕著には認められていない。また、その後の汚泥処理能力の増強についても、遠心濃縮機や焼却炉の増設が行われる等、汚泥集約事業は大きな進展を収めた。

一方、課題となったのは、流入汚泥量の変動と重力濃縮槽の性能維持である。この事例においても、降雨に伴う急激な流入汚泥量の増加や処理場電気清掃等、処理場電気設備に必要不可欠な点検作業に伴う半日単位の停電がもたらす汚泥処理系へのインパクトが大きいことが判明した。その影響を短期間に克服するためには濃縮から脱水、焼却までの各設備が十分な処理能力を有していることが必要

であり、今後は必要十分な能力を明確にすることが求められている。

　特に、日常的な維持管理の課題となるのが重力濃縮槽の管理である。重力濃縮槽は変動する汚泥処理量のバッファタンクのような重要な役割を果たす一方、時々の汚泥濃縮性の悪化は、管理手法の確立を難しくする問題施設でもあった。これに対して、今回の事例では各濃縮槽の汚泥界面高さと汚泥濃度分布の自動計測を行い、毎日、各槽での貯留固形物量を算定し、重力濃縮槽の状況について迅速に把握していた。

　しかし、それでも流入汚泥量の急増に一部対応が間に合わない事例もある等、重力濃縮槽が抱える汚泥量に対していかに迅速に脱水機や焼却炉の処理能力を立ち上げるかが依然として課題となっている。

3.9　むすび

　言うまでもなく汚泥処理は単独では成立せず、必ず水処理施設と相互影響を受ける関係にある。当該事例のように、他処理場からの汚泥の受け入れは、水処理、汚泥処理の両面から事前に影響を探る必要がある。

　その際に役立つのが、日常的な維持管理データの収集システムである。A処理場においては、計測値は自動的に、また一部手動入力値は手入力で定期的に毎日各設備の運転時間を含む様々なデータが入力され記録されていた。これをパソコンの表計算ソフトに読み込めたことが、以後の様々なデータの解析に役立った。

　維持管理の結果は内容が日々変化することもあり、一概に表現できないとされてきたが、これらの膨大な基本データを活用することで、従来、経験的に掴んで来た特徴を統計的手法を用いたり、前年度と比較することで明らかにすることができることは重要である。

　また、このようにして表現した事実を関係者に提供することによって、課題に関する共通の理解が得られ、事業推進の原動力になる筈である。

Coffee Break−3

BOD

　BOD（Biochemical Oxygen Demand：生物化学的酸素要求量）とは、河川中や下水中に含まれる生物分解可能な有機物等が生物化学的に安定化するために要求する酸素量をいいます。

　BODの考えはイギリスで生まれました。イギリスの河川においては、流入した有機物質が海に到達するまでに概ね5日程度を要し、その間に自浄作用によってどの程度の酸素が要求されるという観点から、5日間のBODという考えが立てられています。日本は国土面積がイギリスと比べて同レベルであるので、日本での5日間BODは適当と考えられます。

　BOD試験の概念図を以下に示します。BOD試験を行うにあたっては、ほとんどの試料は水の飽和溶存酸素量以上の生物化学的酸素要求物質を含んでいるので、その酸素要求量に応じて適当に希釈する必要があります。試料の希釈度は、20℃、5日間の酸素消費率が最初の希釈試料中の溶存酸素量の40～70％となるように選定する必要があります。この試料の適切な希釈度の選定がBOD試験において最も重要なことです。

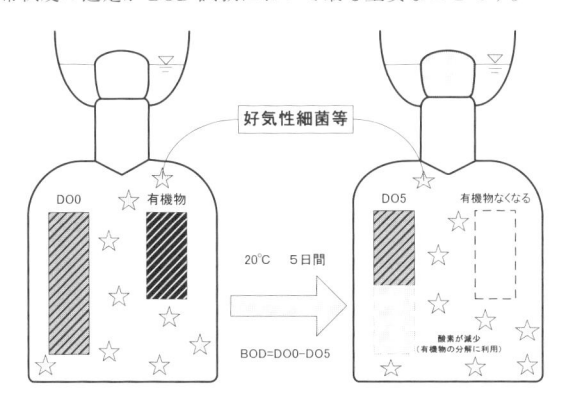

BOD試験の概念図

　なお、試料の性状によっては硝化に要する酸素量（N-BOD）が影響し、高いBOD値を示す場合があります。そこで近年では、硝化を抑制した本来の有機物質の分解に要する酸素量（C-BOD）が必要に応じて測定されています。

【参考文献】
　「下水試験方法」上巻－1997年版－、(社)日本下水道協会
　松本順一郎、西堀清六　著「下水道工学」、朝倉書店

4 計画放流水質とそれに適合する処理方式の検討

計画放流水質の設定は、下水道管理者が下水の放流先の河川その他の公共の水域または海域の状況等を考慮して、科学的な方法を用いて定めることになっている。年間平均値ベースの目標水質（計画処理水質）、年間最大値ベースの目標水質、計画放流水質の3者の関係を理解して検討する必要がある。

ポイント

・処理水質の年間平均値から年間最大値を算出するには、分布形を考慮する。
・計画放流水質は年間最大値の目標水質と水質汚濁防止法等の規制値を照合して決める。
・処理方法の選定は、「処理方法と適合する計画放流水質の区分の関係（国交省）」による。

検討フロー

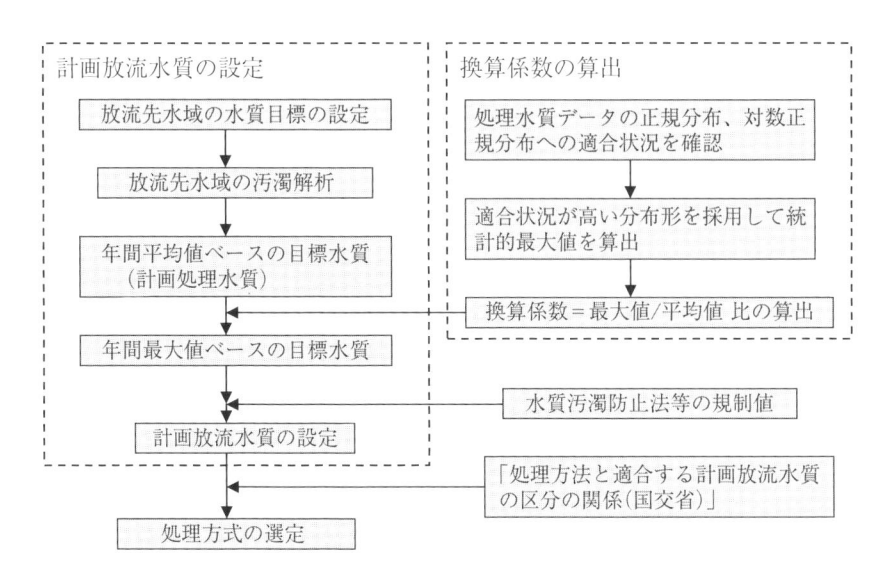

計画放流水質の設定
- 放流先水域の水質目標の設定
- 放流先水域の汚濁解析
- 年間平均値ベースの目標水質（計画処理水質）
- 年間最大値ベースの目標水質
- 計画放流水質の設定
- 処理方式の選定

換算係数の算出
- 処理水質データの正規分布、対数正規分布への適合状況を確認
- 適合状況が高い分布形を採用して統計的最大値を算出
- 換算係数＝最大値/平均値 比の算出

水質汚濁防止法等の規制値

「処理方法と適合する計画放流水質の区分の関係（国交省）」

使用データ

日常試験結果

4 Study on the design effluent quality and the suitable treatment Process

The design effluent quality is determined by the sewage works administrator with the scientific manner taking into account the state of receiving water body, such as rivers, other public waters or sea areas. For the study, it is essential to understand relationship among three parameters; the target water qualities of annual average (design effluent quality), annual maximum, and design effluent quality.

Essential points

- The distribution type will be taken into account for calculation of the annual maximum from the annual average of treated water quality.
- The design effluent quality will be determined by collating the annual maximum target quality with the regulatory value according to the Water Pollution Control Law.
- Treatment process will be selected according to "Relationship of the treatment method with classification of compatible design effluent quality (Ministry of Land, Infrastructure, Transport and Tourism)."

Study flow

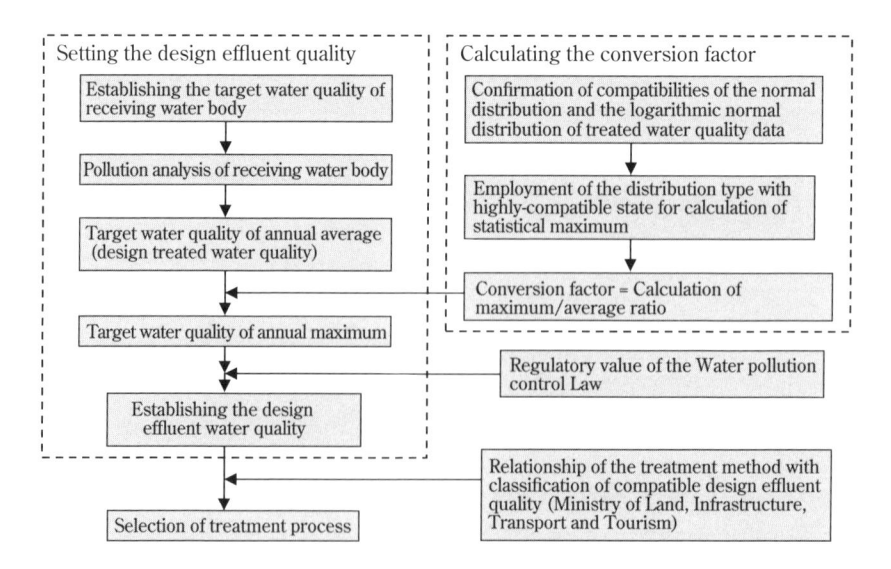

Setting the design effluent quality
- Establishing the target water quality of receiving water body
    ↓
- Pollution analysis of receiving water body
    ↓
- Target water quality of annual average (design treated water quality)
    ↓
- Target water quality of annual maximum
    ↓
- Establishing the design effluent water quality
    ↓
- Selection of treatment process

Calculating the conversion factor
- Confirmation of compatibilities of the normal distribution and the logarithmic normal distribution of treated water quality data
    ↓
- Employment of the distribution type with highly-compatible state for calculation of statistical maximum
    ↓
- Conversion factor = Calculation of maximum/average ratio

- Regulatory value of the Water pollution control Law

- Relationship of the treatment method with classification of compatible design effluent quality (Ministry of Land, Infrastructure, Transport and Tourism)

Data used

Daily test results

4.1 まえがき

A市は、**表4-1**に示す処理方法が異なる4つの下水処理場を管理している。今回、下水道の最上位計画である流域別下水道整備総合計画（以下、流総計画と記す）の見直しに伴って、事業計画において設定することが必要な"計画放流水質"と"計画放流水質に適合する処理方法"についても見直しを行った。

表4-1　A市が管理する下水処理場の概要

処理場名	全体計画水量 (m^3/日)	現有処理能力 (m^3/日)	現有処理方法
a下水処理場	50,000	20,000	標準活性汚泥法
b下水処理場	30,000	15,000	標準活性汚泥法
c下水処理場	6,000	6,000	回分式活性汚泥法
d下水処理場	2,000	1,000	好気性ろ床法

4.2 計画放流水質と計画処理水質の関係

"計画放流水質"とは、放流水が適合すべき生物化学的酸素要求量、窒素含有量または燐含有量に係る水質であって、公共下水道管理者または流域下水道管理者が、下水の放流先の河川その他の公共の水域または海域の状況等を考慮して、科学的な方法を用いて定めるものである。流総計画では、下水の放流先の水域の状況を考慮して下水処理場に許容される放流水質を科学的に設定しており、その許容水質は"計画処理水質"と呼ばれている。A市の4つの下水処理場は同じ流総計画に含まれており、**表4-2**のような"計画処理水質"が設定されている。

表4-2　A市の4つの下水処理場に適用される計画処理水質

処理場名	計画処理水質 (mg/L)			
	BOD[※1]	COD[※2]	T-N[※2]	T-P[※2]
a、b下水処理場	15	8	8	0.5
c、d下水処理場	15	13	18	1.5

※1　日間平均値の許容限界値
※2　日間平均値の年間平均値

ここで、"計画処理水質"と"計画放流水質"は類似の用語であるが、下記のように異なっている。

① "計画放流水質"にはCODは含まれず、BODは必須項目であり、T-NとT-Pは必要に応じて設定する項目である。
② "計画放流水質"は、日間平均値の許容限界値で表現される。
③ 下水の直接的、間接的な放流先が閉鎖性水域である場合、"計画処理水質"のCOD、T-NおよびT-Pの値は、日間平均値の年間平均値で表現される。
④ "計画処理水質"のBODは、河川水の汚濁解析により得られる値であるため、日間平均値の許容限界値で表現される。

そのため、"計画処理水質"のT-N、T-Pの値を基に"計画放流水質"を設定する際には、年間平均値から許容限界値への換算が必要となる（**図4-1**参照）。この換算係数の設定方法については、事務連絡※が出されており、実績値を用いる方法のほかに、**表4-3**のような標準的な換算係数についても示されている。

※国土交通省都市・地域整備局下水道部流域管理官付補佐事務連絡（H19.11.9）

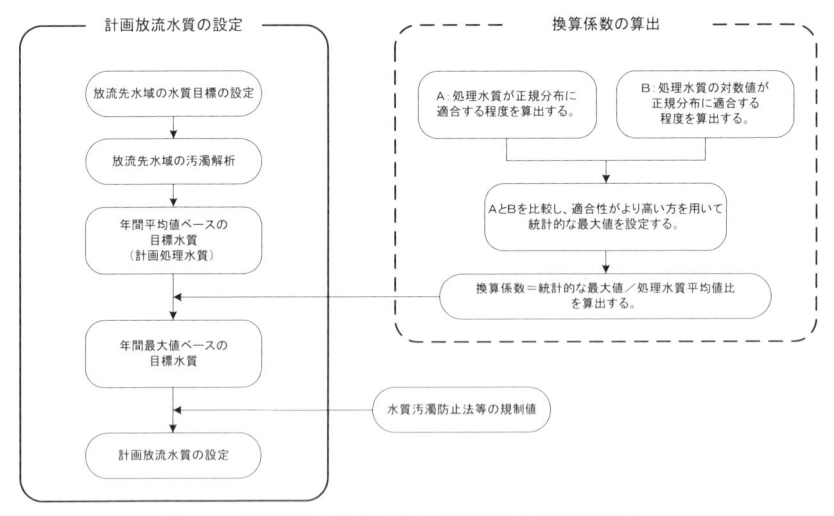

図4-1 換算係数の算出方法と計画放流水質の設定フロー

表4-3 標準換算係数

	T-N	T-P
換算係数	1.4（1.3 ～ 1.5）	2.6（1.8 ～ 3.4）

※許容限界値＝年間平均値×換算係数

実績に基づいた換算係数の設定方法について

【実績に基づいた換算係数の設定例】

高度処理方法で運転している実施設における数年分の処理水質実績値を用いて、その分布を解析し、年間平均値と年間最大値の関係（換算係数）を設定した。

具体的な手順は、次の通りである。

① 処理水質が正規分布に適合する程度を算出する。
② 処理水質の対数値が正規分布に適合する程度を算出する。
③ 適合性がより高い方を用いて、統計的な最大値（平均値＋$a^{※}$×標準偏差）を設定する。
④ （統計的な最大値）/平均値比を算出し、換算係数を設定する。

※正規分布の場合には a は 3、対数正規分布の場合には a は 2 が採用される。

【正規分布適合性の評価】

A 浄化センターの T-P 濃度については、実測値よりも実測値の対数値の方が正規分布により適合することが分かった。そこで、対数値ベースで統計的最大値を算出した。

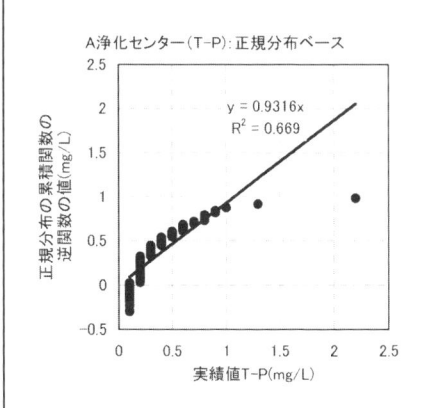

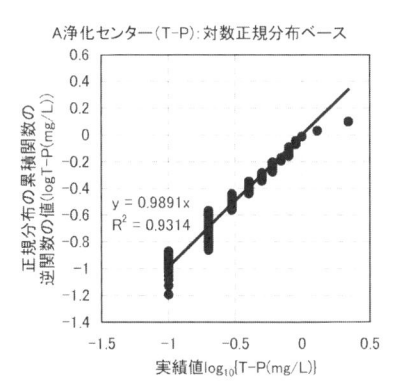

図 1.1　正規分布適合性評価の事例

【実績値の対数値における分布状況】

A 浄化センターの処理水質の対数値の分布を**図 1.2** に示す。左右対称の分布を概ね示しており、この分布を正規分布と仮定して統計処理を行ったところ、次のような結果が得られた。

・統計的な年間最大値（2σベース）：$10^{(\mu' + 2\sigma')}$
　　ここに、μ'：実績値の常用対数値の年間平均値（= －0.547）
　　　　　 σ'：実績値の常用対数値の標準偏差（= 0.2624）
　　∴ 2σベースの年間最大値 = 0.95mg/L

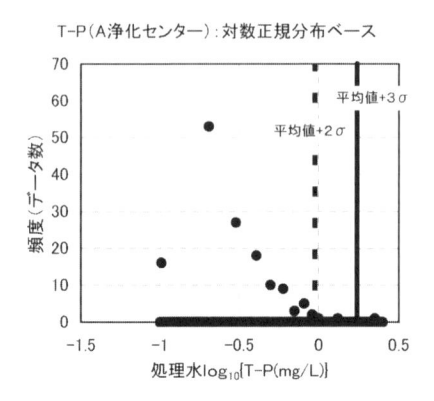

図 1.2　実績値の対数値における分布状況

【留意点】
処理水質の分布状況は現状の運転方法の影響を受けるため、今後の運転方法の改善により、処理水質の分布状況が変化する可能性がある。そのため、換算係数も変化し得ることに留意し、処理水質の分布状況を継続的に把握することが望ましい。

4.3　計画放流水質の設定

A市の4つの下水処理場の場合、高度処理法の実績値がないため、標準換算係数を用いて許容限界値を算出し、その結果と各種法令の値を比較することで"計画放流水質"の設定を行った。まず、a、b下水処理場については、**表 4-4**、**表 4-5** に示すように、"計画放流水質"は BOD = 15mg/L、T-N = 11mg/L、T-P = 1.3mg/L と設定した。年間平均値は、流総計画の計画処理水質である。

表4-4　標準換算係数を用いた許容限界値の算出結果（a、b下水処理場）

種類	BOD (mg/L)	COD (mg/L)	T-N (mg/L)	T-P (mg/L)
年間平均値	-	8.0	8.0	0.5
換算係数	-	-	1.4	2.6
許容限界値	15	-	11.2	1.30

※ T-Nは小数点第二位を、T-Pは小数点第三位を切り捨てた。

表4-5　計画放流水質の設定（a、b下水処理場）

種類	BOD (mg/L)	T-N (mg/L)	T-P (mg/L)
流総計画から得られる許容限界水質（日間平均値の許容限界値）	**15**	**11.2**	**1.3**
水質汚濁防止法排水基準条例	20	-	-
総量規制（C値：高度処理法）	-	15	1.5
計画放流水質の設定における上限値	15	20	3
計画放流水質	**15**	**11.2**	**1.3**

一方、c、d下水処理場については、**表4-6**、**表4-7**に示すように、流総上も総量規制上も、放流水T-N濃度を20mg/L以下にする必要がない※ことから、T-Nの計画放流水質を設定しないこととし、"計画放流水質"はBOD = 15mg/L、T-P = 2.5mg/Lと設定した。

※「小規模下水道計画・設計・維持管理指針と解説－2004年版－、社団法人日本下水道協会」(p41)には、"窒素含有量およびりん含有量については、必要に応じ計画放流水質を定めることとされており、当該放流先の状況等から、それぞれ、20mg/L以下、3mg/L以下として定める必要がない場合には、計画放流水質を定めず、独自の計画目標値として位置づけておく。"と記載されている。

表4-6　標準換算係数を用いた許容限界値の算出結果（c、d下水処理場）

種類	BOD (mg/L)	COD (mg/L)	T-N (mg/L)	T-P (mg/L)
年間平均値	-	12.0	18.0	1.5
換算係数	-	-	1.4	2.6
許容限界値	15	-	25.2	3.90

※ T-Nは小数点第二位を、T-Pは小数点第三位を切り捨てた。

表 4-7 計画放流水質の設定（c、d下水処理場）

種類	BOD (mg/L)	T-N (mg/L)	T-P (mg/L)
流総計画から得られる許容限界水質（日間平均値の許容限界値）	**15**	**25.2**	**3.9**
水質汚濁防止法排水基準条例	20	–	–
総量規制（C値：標準法）	–	25	2.5
計画放流水質の設定における上限値	15	20	3
計画放流水質	**15**	–	**2.5**

4.4 処理方法の選定

処理方法は計画放流水質に適合する必要があり、その適合性の評価は**別表1**で示される「処理方法と適合する計画放流水質の区分の関係」を用いて行う。

a、b下水処理場の場合、計画放流水質に適合する処理方法のうち、窒素除去能力が比較的高い「ステップ流入式多段硝化脱窒法（凝集剤を添加）」を選定した。この処理方法は「循環式硝化脱窒法等（凝集剤を添加）」に含まれる処理方法で、硝化脱窒プロセスを多段化することで窒素除去能力を高めることができる処理方法である。

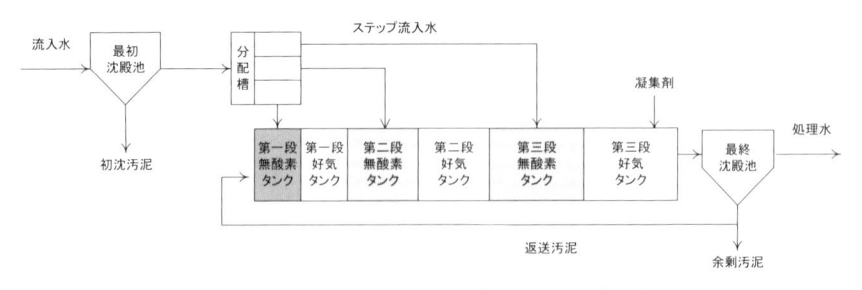

図4-2 ステップ流入式多段硝化脱窒法（凝集剤を添加）の処理フロー

一方、c、d下水処理場の場合、計画放流水質に適合する処理方法のうち、現有処理方法への適用性が高い「標準活性汚泥法等（凝集剤を添加）」を選定した。c下水処理場の現有処理方法である「回分式活性汚泥法」やd下水処理場の現有処理方法である「好気性ろ床法」は、共に「標準活性汚泥法等」に含まれるため、現有施設を有効活用することが可能となる。しかし、c、d下水処理場の計画放

流水質にはT-Nは設定されていないものの、流総計画の計画処理水質には設定されていることから、日間平均値の年間平均値でT-N = 18mg/L以下を順守することが必要である。この観点から、c、d下水処理場の処理方法をさらに検討した。

別表1

処理方法と適合する計画放流水質区分の関係

計画放流水質 (単位 mg/l)			標準活性汚泥法等	凝集剤を添加、急速濾過法を併用	循環式硝化脱窒法等	有機物を添加	凝集剤を添加、急速濾過法を併用	有機物を添加、急速濾過法を併用	有機物及び凝集剤を添加、急速濾過法を併用	嫌気好気活性汚泥法	凝集剤を添加、急速濾過法を併用	嫌気無酸素好気法	凝集剤を添加、急速濾過法を併用	有機物を添加	凝集剤を添加、急速濾過法を併用	有機物を添加	有機物及び凝集剤を添加、急速濾過法を併用
生物化学的酸素要求量	窒素含有量	燐含有量															
10以下	10以下	0.5以下															◎
		0.5を超え1以下														◎	
		1を超え3以下							◎								
		―													◎		
	10を超え20以下	1以下					◎										◎
		1を超え3以下				◎											
	―	1以下									○						
		1を超え3以下					○										
10を超え15以下	20以下	3以下			◎					◎							
	―	3以下			◎												

(注) 1 標準活性汚泥法等とは、以下の7つの方法を指す。
標準活性汚泥法, オキシデーションディッチ法, 長時間エアレーション法, 回分式活性汚泥法, 酸素活性汚泥法, 好気性濾床法, 接触酸化法
2 循環式硝化脱窒法等とは、以下の4つの方法を指す。
循環式硝化脱窒法, 硝化内生脱窒法, ステップ流入式多段硝化脱窒法, 高度処理オキシデーションディッチ法
◎印 令第5条の6第1項第3号に示された処理方法
(編者注) 別表1の○印は、令第5条の6第1項第3号の（ ）書にある「当該方法と同程度以上に下水を処理することができる方法」に該当する。

出典：「下水道事業の手引き」平成19年版（p82）

4.5 計画処理水質 T-N を順守できる処理方法の検討

　c下水処理場の現有処理方法である「回分式活性汚泥法」では、運転方法によってある程度の硝化反応と脱窒反応を進めることができ、実際にも、計画処理水質 T-N 濃度を下回る年間平均値が安定して得られていた。そのため、c下水処理場の処理方法として「回分式活性汚泥法」は適合していると判断した。

　一方、d下水処理場の現有処理方法である「好気性ろ床法」では、無酸素状況を作り出すことができないため、脱窒反応をほとんど進めることができない。実際に近年の実績値を調べたところ、年間平均値は計画処理水質 T-N 濃度を上回る状況が続いていた。そのため、d下水処理場の処理方法として「好気性ろ床法」の単独採用は適しておらず、何らかの対策が必要であると判断した。

　対策案として検討したのは次の3案である。
　案①：現有施設を改造し、脱窒プロセスを追加することで窒素除去能力を向上
　　　　させる。
　案②：流総計画の T-N に関する削減目標量を下水処理場単位で達成するので
　　　　はなく、A市全体で達成する。
　案③：増設施設に窒素除去能力が好気性ろ床法よりも高い処理方法を採用し、
　　　　2つの処理方法を併用することで d 下水処理場の計画処理水質 T-N 濃度
　　　　を順守する。

　案①については、現有施設を大幅に改造する必要があることに加え、設計指針がないため設計諸元の設定が難しく、改造後しばらくは運転管理の試行錯誤を避けられないことを考慮して採用しなかった。

　また、案②については、d下水処理場で不足する窒素除去量をA市の他の3つの下水処理場でカバーする方法である。この場合、d下水処理場の計画処理水質が緩和されることになるため計画処理水質を順守することができる。しかし、この場合でも総量規制基準は順守する必要があり、d下水処理場に適用されている総量規制基準C値（T-N = 25mg/L）を下回ることは依然として求められている。そこで、現状の実績値を調べたところ、C値をわずかに下回る程度の実績値が散見され、総量規制を安定して順守するためには「好気性ろ床法」の単独採用は適していないと考えた。

　一方、案③については現実的で有効な対策であり、A市の維持管理経験を考慮して、d下水処理場の増設には「回分式活性汚泥法」を採用し、現有の「好気性ろ床法」との併用方式を採用することをA市に提案した。なお、その際には、**別表2**の評価を行い、複数の処理方法を併用した場合の計画放流水質との適合

性の確認※も行っている。

※ 「平成16年4月9日下水道事業課企画専門官事務連絡」より一部抜粋
1. 一つの処理場において複数の処理方法を採用する場合の扱いについて
（2） 目標となる放流先の状況に対応した計画放流水質に対して複数の処理方式で対応する場合（例えば、BOD13mg/Lに対して、BOD10mg/LとBOD15mg/Lの2種類の処理方法で対応）、当該箇所独自の処理方法として、運用通知【別添2】に規定する方法に基づき評価を行うこととします。

別表2の評価について
事業認可を受けた実績がない新しい処理方法を採用する場合には、下記の別表2の評価5を受ける必要がある。この評価5は、他の評価と異なり外部評価委員会による評価を受ける必要がある。

別表2

項目		評価1	評価2	評価3	評価4	評価5
実証実験実施期間		連続する1年間以上	連続する1年間以上	連続する1年間以上	連続する1年間以上	連続する1年間以上
実証実験実施場所		実施設	実施設	実施設またはパイロットプラント	実施設またはパイロットプラント	パイロットプラント
流入水量	実施設	不問 ※設計値の1/2未満の場合は、1/2以上に達した時点で再評価を実施	設計値の1/2以上	設計値の1/2以上	設計値	
	パイロットプラント			設計値	設計値	設計値
流入水質	水質条件等	当該箇所の水質	当該箇所の水質	適用しようとする箇所との流入水質、負荷変動等の類似性を確保	適用しようとする箇所との流入水質、負荷変動等の類似性を確保	一般的な流入水質、負荷変動等の類似性を確保
	測定頻度	日間平均:月2回以上	日間平均:月2回以上	日間平均:月2回以上	日間平均:月2回以上	日間平均:月2回以上
	測定項目	水温、pH、BOD、SS 必要に応じて、T-N、T-P	水温、pH、BOD、SS 必要に応じて、T-N、T-P	水温、pH、BOD、SS 必要に応じて、T-N、T-P	水温、pH、BOD、SS 必要に応じて、T-N、T-P	水温、pH、BOD、SS 外部評価委員会が要求する項目
放流水質	測定頻度	日間平均:月2回以上 日間変動:時間変動3ヶ月に1回以上	日間平均:月2回以上 日間変動:時間変動3ヶ月に1回以上	日間平均:月2回以上 日間変動:時間変動3ヶ月に1回以上	日間平均:月2回以上 日間変動:時間変動3ヶ月に1回以上	日間平均:月2回以上 日間変動:時間変動3ヶ月に1回以上
	測定項目	水温、pH、BOD、SS T-N、T-Pを評価する場合はT-N、T-P	水温、pH、BOD、SS T-N、T-Pを評価する場合はT-N、T-P	水温、pH、BOD、SS T-N、T-Pを評価する場合はT-N、T-P	水温、pH、BOD、SS T-N、T-Pを評価する場合はT-N、T-P	水温、pH、BOD、SS 外部評価委員会が要求する項目
外部評価		不要	不要	不要	不要	必要
評価方法		測定した放流水質の日平均値が設定しようとする計画放流水質を超えないこと	測定した放流水質の日平均値が設定しようとする計画放流水質を超えないこと	測定した放流水質の日平均値が設定しようとする計画放流水質を超えないこと	測定した放流水質の日平均値が設定しようとする計画放流水質を超えないこと	測定した放流水質の日平均値が設定しようとする計画放流水質を超えないこと、かつ、外部評価委員会の評価を受けること

出典：「下水道事業の手引き」平成19年版（p83）

4.6　計画処理水質CODを順守できる処理方法の検討

　これまで述べてきたように、処理方法は様々な要件を満たす必要があるが、計画処理水質CODを順守することも重要な要件のひとつである。
　A市の4つの下水処理場の処理実績値を整理したところ、各処理場ともに計画

処理水質 COD を年間平均値で安定的に下回っていなかった。その原因のひとつは SS の流出であったので、SS 流出を安定的に抑制することができる「急速ろ過法」の併用を提案した。

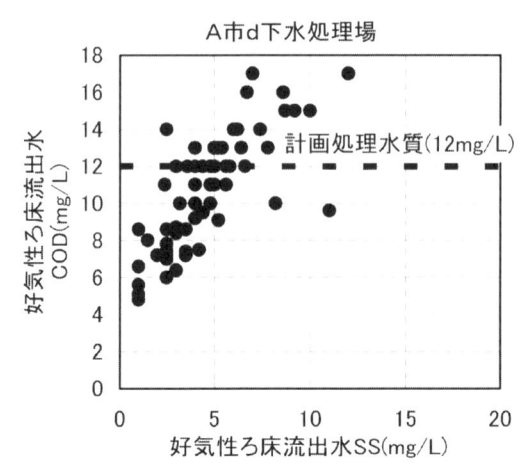

図 4-3 A 市 d 下水処理場における処理水 SS 濃度と COD の関係

4.7 A市で採用した処理方法

計画放流水質を設定し、計画放流水質を始め様々な要件を満たす処理方法を検討し、表 4-8 に示すような処理方法を採用した。

表 4-8 A市で採用した処理方法の一覧

処理場名	全体計画水量 (m^3/日)	現有処理方法	増築・改築する際に採用する処理方法
a 下水処理場	50,000	標準活性汚泥法	ステップ流入式多段硝化脱窒法（凝集剤添加、急速ろ過併用）
b 下水処理場	30,000	標準活性汚泥法	ステップ流入式多段硝化脱窒法（凝集剤添加、急速ろ過併用）
c 下水処理場	6,000	回分式活性汚泥法	回分式活性汚泥法（急速ろ過併用）
d 下水処理場	2,000	好気性ろ床法	好気性ろ床法と回分式活性汚泥法の併用（急速ろ過併用）

地方公共団体全体で計画処理水質を達成する方法について

　流総計画において設定される計画処理水質および削減目標量の達成方法として、個別の下水処理場で達成する方法のほかに、複数の下水処理場を有する地方公共団体の全体で達成する方法を採用しても良いこととなっている。この方法は、流入水質条件が比較的厳しい処理場や現有処理施設の高度化が困難な処理場などを有する場合に有効な方法である。

② 終末処理場ごとの最終年次における日平均計画処理水質については、地方公共団体ごとに、当該日平均計画処理水質に計画一日平均下水量を乗じた値の総和を計画一日平均下水量の総和で除した値が、一律平均計画処理水質の値を上回らないように定めることを原則として、以下の式を満足するよう設定する。

$\Sigma_{地方公共団体}$（[終末処理場ごとの最終年次における日平均計画処理水質]×[終末処理場ごとの計画一日平均下水量]）／$\Sigma_{地方公共団体}$[終末処理場ごとの計画一日平均下水量] ≦ [一律平均計画処理水質]

2. 終末処理場ごとの設定の考え方

【事務連絡3. ②の条件】
対象地域全体、かつ各地方公共団体で、一律平均計画処理水質をクリア

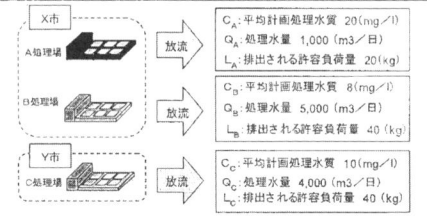

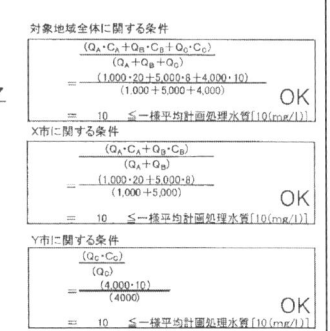

X市
A処理場　放流　C_A：平均計画処理水質 20(mg/l)
　　　　　　　　Q_A：処理水量 1,000(m3/日)
　　　　　　　　L_A：排出される許容負荷量 20(kg)

B処理場　放流　C_B：平均計画処理水質 8(mg/l)
　　　　　　　　Q_B：処理水量 5,000(m3/日)
　　　　　　　　L_B：排出される許容負荷量 40(kg)

Y市
C処理場　放流　C_C：平均計画処理水質 10(mg/l)
　　　　　　　　Q_C：処理水量 4,000(m3/日)
　　　　　　　　L_C：排出される許容負荷量 40(kg)

対象地域全体に関する条件
$$\frac{(Q_A \cdot C_A + Q_B \cdot C_B + Q_C \cdot C_C)}{(Q_A + Q_B + Q_C)}$$
$$= \frac{(1,000 \cdot 20 + 5,000 \cdot 8 + 4,000 \cdot 10)}{(1,000 + 5,000 + 4,000)}$$
$$= 10 \leq 一律平均計画処理水質[10(mg/l)] \quad OK$$

X市に関する条件
$$\frac{(Q_A \cdot C_A + Q_B \cdot C_B)}{(Q_A + Q_B)}$$
$$= \frac{(1,000 \cdot 20 + 5,000 \cdot 8)}{(1,000 + 5,000)}$$
$$= 10 \leq 一律平均計画処理水質[10(mg/l)] \quad OK$$

Y市に関する条件
$$\frac{(Q_C \cdot C_C)}{(Q_C)}$$
$$= \frac{(4,000 \cdot 10)}{(4,000)}$$
$$= 10 \leq 一律平均計画処理水質[10(mg/l)] \quad OK$$

出典：「国土交通省都市・地域整備局下水道部流域下水道計画調整官　事務連絡（H18.6.22）」の一部抜粋

Coffee Break − 4

生物学的硝化脱窒

　窒素はリンと並んで閉鎖性水域の富栄養化の原因となる栄養塩類を構成するため、富栄養化の制限因子となっている場合は、その除去が必要となります。窒素の除去方法は、物理化学的方法（代表例、アンモニアストリッピング、Coffee Break − 6 参照）と生物学的硝化脱窒法に大別されるが、下水処理場で主に採用されている標準活性汚泥法との組合せが可能な生物学的硝化脱窒法が主流となっています。

　以下に生物学的硝化脱窒法について概説しますが、これは硝化細菌の働きによりアンモニア性窒素を硝酸性窒素に酸化させる酸化工程（①硝化反応）と脱窒細菌の働きによる硝酸性窒素の窒素ガスへの還元工程（②脱窒反応）を組み合わせたものです。

【①硝化反応；Nitrification】
　総括型（$NH_4^+ \rightarrow NO_2^- \rightarrow NO_3^-$）
　$NH_4^+ + 2 \cdot O_2 \rightarrow NO_3^- + H_2O + 2 \cdot H^+$
　・硝化細菌は独立栄養細菌に位置付けられるので、硝化反応では有機物は必要ありません。
　・硝化反応では、1mol の NH_4^+ に対し 2mol の O_2 が必要となります。これより、必要酸素量は $(2 \times 16 \times 2) / (1 \times 14) = 4.57$ mg-O_2/mg-N となります。
　・硝化反応では、1mol の NH_4^+ に対し 2mol の H^+ が生成されます。これにより硝化反応の進行に伴い H^+ 濃度が高くなります（pH が低くなります）。

【②脱窒反応；De-nitrification】
　総括型（$NO_3^- \rightarrow NO_2^- \rightarrow N_2$）
　$2 \cdot NO_3^- + 10 \cdot H^+ + 10 \cdot e^- \rightarrow N_2 + 2 \cdot OH^- + 4 \cdot H_2O$
　・脱窒細菌は従属栄養細菌に位置付けられるので、脱窒反応では有機物（水素供与体）が必要となります。
　・脱窒反応では、2mol の NO_3^- に対し水素供与体からの 10mol の H^+（H_2O より 5mol の O に相当）が必要となります。これより、必要有機物量は $(5 \times 16) / (2 \times 14) = 2.86$ mg-有機物/mg-N となります。
　・脱窒反応では、2mol の NO_3^- に対し 2mol の OH^- が生成されます。これにより脱窒反応の進行に伴い H^+ 濃度が低くなります（pH が高くなります）。

【参考文献】
「下水道施設計画・設計指針と解説」後編 − 2009 年版 − 、(社) 日本下水道協会

5 数学的モデルによる効果的な消化日数の推定

地球規模の環境問題として地球温暖化が叫ばれる昨今、下水処理場におけるエネルギー生産工程である嫌気性消化が再度脚光を浴びている。既往の運転管理データを基に消化日数と消化率の関係式を構築し、消化タンクの効果的な運転管理のあり方を把握する。

ポイント

- 仮定条件を明確にして消化工程まわりの物質収支式をたてる
- 定常状態を想定し消化率と消化日数の関係式を構築する
- 消化率と消化日数の既往運転管理データを基に一次回帰式を作成する

検討フロー

仮定条件
- 酸生成とメタン生成の二工程を総括的に一工程として取り扱う
- 消化タンクを完全混合槽とする
- 消化反応を一次反応とする

消化工程まわりの物質収支式

$$\frac{\partial C_S}{\partial t} = \frac{1}{\tau}(C_{S,in} - C_S) - k \cdot C_S$$

ここに、C_S:消化タンク流出有機物濃度(g/L)
t:時間(d)
$C_{S,in}$:消化タンク流入有機物濃度(g/L)
τ:消化日数 HRT(d)
κ:消化速度定数(1/d)

定常状態を想定

$$\frac{\mu}{1-\mu} = \kappa \cdot \tau$$

μ:消化率
$Y = \kappa \cdot \tau$

消化率と消化日数の一次回帰式作成

目標消化率→必要消化日数→投入可能汚泥量→ガス発生量

使用データ

運転管理データ(月オーダー)

計 画 (Planning)

5 Estimation of the effective digestion period using a mathematical model

Now that global warming is highlighted as a global environmental issue, anaerobic digestion or the energy production process in the sewage treatment plant is now taken up again. The relation between the digestion period and the digestion ratio will be established on the basis of existing operation management data, which in turn will lead to understanding of the effective way of operation management of the digester.

Essential points

- The material balance of digestion process will be established by clarifying the assumed conditions.
- The steady state will be assumed to establish the relation between the digestion ratio and digestion period.
- The linear regression expression will be prepared on the basis of existing operation management data in terms of the digestion ratio and digestion period.

Study flow

Assumed conditions
- Two processes (acid generation, methane generation) are handled generally as one process
- The digestion tank will become a complete mixing tank.
- The digestion reaction will become the first order reaction

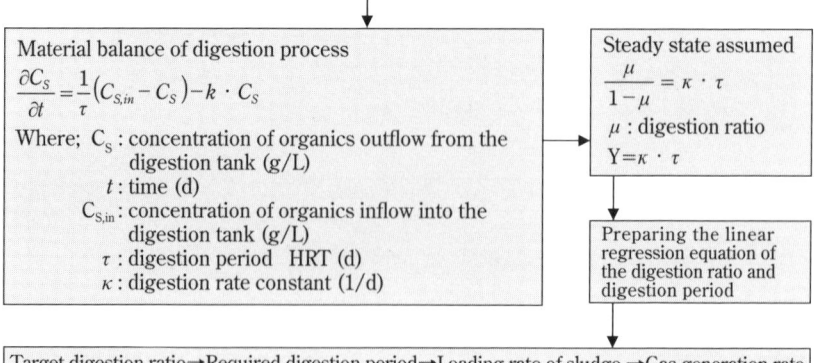

Material balance of digestion process

$$\frac{\partial C_S}{\partial t} = \frac{1}{\tau}(C_{S,in} - C_S) - k \cdot C_S$$

Where; C_S : concentration of organics outflow from the digestion tank (g/L)
t : time (d)
$C_{S,in}$: concentration of organics inflow into the digestion tank (g/L)
τ : digestion period　HRT (d)
κ : digestion rate constant (1/d)

Steady state assumed

$$\frac{\mu}{1-\mu} = \kappa \cdot \tau$$

μ : digestion ratio
$Y = \kappa \cdot \tau$

Preparing the linear regression equation of the digestion ratio and digestion period

Target digestion ratio→Required digestion period→Loading rate of sludge →Gas generation rate

Data used

Operation management data (per month)

5.1 はじめに

　地球温暖化というグローバルな環境問題が叫ばれる昨今、下水処理場においては、唯一のエネルギー生産工程である汚泥処理プロセスの嫌気性消化が再度脚光を浴びている。

　嫌気性消化では、嫌気性細菌の働きによって汚泥中の有機物を分解しメタンガス等に変換するとともに、結果として汚泥の減量化・安定化を図っている。この有機物の分解率（消化率）には、消化タンクに投入する汚泥の濃度や有機物含有量、そして消化タンクの温度や消化日数等の因子が影響を及ぼしている。

　これら因子の中で最も制御が容易な消化日数については、ある日数以上を確保してもそれに直線的に比例して発生消化ガス量が増大するわけではなく、消化率の改善効果が必ずしも見られない。

　そこで、ここでは消化タンクの効果的な運転管理を追究するため、数学的モデルを用いて消化日数と消化率の関係を理論的に明確にし、効果的な消化日数を推定する方法について提示する。

5.2 嫌気性消化の概説

　嫌気性消化は、酸素の存在しない条件下での有機物の生物学的な分解である。このプロセスは、大きく酸生成段階とメタン生成段階の２つの工程からなっている。各段階は酸生成細菌とメタン生成細菌の働きによるものであり、それゆえ各々の細菌が生息・増殖するために必要な成分が投入汚泥に含まれていなければならない。有機物をはじめ、窒素やリン、硫黄、さらには鉄、ニッケル、コバルト等の微量栄養塩も必要であるが、一般に通常の汚泥はこれら物質の必要量の条件を満たしている。

　嫌気性消化には、34～36℃付近（この領域を中温消化という）と50～53℃付近（この領域を高温消化という）の２つの最適な温度領域があることが知られているが、双方の温度領域で活躍するメタン生成細菌は全く種類が異なる[1]。高温消化は中温消化に比べ加温に要する投入エネルギーが大きくなるが、処理効率は良い。

　嫌気性消化における有機物の分解の化学量論式は、式(5.1)のように示される。そして式(5.2)に示す理想気体の状態方程式により、理論的に発生消化ガス量が求められる。

$$C_\alpha H_\beta N_\gamma O_\delta + \left(\alpha - \frac{\beta}{4} + \frac{7}{4}\gamma - \frac{\delta}{2}\right) \cdot H_2O \rightarrow$$

$$\left(\frac{\alpha}{2} + \frac{\beta}{8} - \frac{3}{8}\gamma - \frac{\delta}{4}\right) \cdot CH_4 + \left(\frac{\alpha}{2} - \frac{\beta}{8} - \frac{5}{8}\gamma + \frac{\delta}{4}\right) \cdot CO_2 + \gamma \cdot NH_4^+ + \gamma \cdot HCO_3^- \quad (5.1)$$

ここに、α：炭素の原子数、
　　　　β：水素の原子数、
　　　　γ：窒素の原子数、
　　　　δ：酸素の原子数
である。

$$PV = nRT \quad (5.2)$$

ここに、P：圧力（Pa）、
　　　　V：発生消化ガス量（m^3）、
　　　　n：発生消化ガスのモル数（mol）、
　　　　R：気体定数（$= 8.312 J/(mol \cdot K)$）、
　　　　T：温度（K）
である。

　例えば有機物を $C_5H_7NO_2$（分子量113g/mol）と設定した場合、メタン（CH_4）と二酸化炭素（CO_2）のモル数は、それぞれ式(5.1)より2.5mol、1.5molと求められ、発生消化ガス総モル数は4molとなる。このモル数での発生ガス量は式(5.2)より、0.0896Nm^3と見積もられ、分解有機物1kg当たりでは0.793Nm^3/kg- 有機物（うちメタン含有率は2.5/4 × 100 = 62.5％）と求められる。

5.3　反応速度式

　一般に微生物反応における反応速度は、基質の種類・濃度、微量栄養物質、pH、温度等の環境因子のほか、微生物自体の種類・濃度、活性度等、様々な因子によって影響されるため、その定量的取り扱い、そしてそのための定式化は必ずしも容易なものではない[2]。

　そこで簡易な表現として、例えばある基質Cが微生物Xによって時間の経過とともに消失していく図5-1に示すような挙動に対して、一般的に式(5.3)が取り挙げられる。nは反応次数であり、n = 0、もしくはn = 1の場合の0次反応、一次反応はよく見受けられる形である。またこのような生物反応系では式(5.4)に示すMonod式もよく用いられる。Monod式の特長は、基質Cと飽和定数 K_C

の大小関係で0次反応にも、一次反応にもなることである。

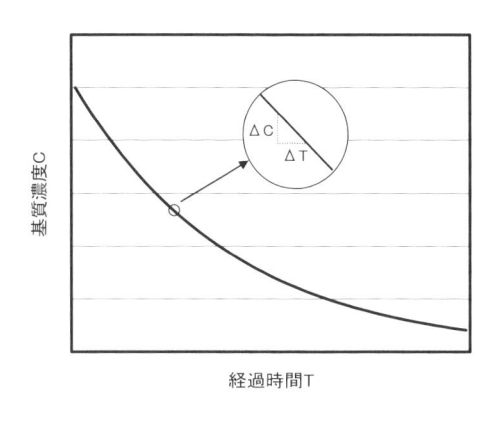

$$\frac{dC}{dT} = -k \cdot C^n \cdot X \quad 式(5.3)$$

C；基質濃度、T；時間、k；速度定数
n；反応次数、X；微生物濃度

$n=0$ の場合　　　$n=1$ の場合

$$\frac{dC}{dT} = -k \cdot X \qquad \frac{dC}{dT} = -k \cdot C \cdot X$$

$$\frac{dC}{dT} = -k \cdot \frac{C}{k_C + C} \cdot X \quad 式(5.4)$$

k_C；飽和定数

$k_C \ll C$ の場合　　　$k_C \gg C$ の場合

$$\frac{dC}{dT} = -k \cdot X \qquad \frac{dC}{dT} = -\frac{k}{k_C} \cdot C \cdot X$$

図5-1　基質Cの消失イメージ図

5.4　数学的モデルによる効果的な消化日数の推定方法

　嫌気性消化タンクにおける有機物の消化率と消化日数の関係をここでは数学的モデルを用いて評価する。

　数学的モデル構築にあたっては、消化反応は前述のように酸生成段階とメタン生成段階の2つの工程からなっていることから、双方の反応速度式を定めそれらを逐次反応として取り扱うべきところであるが、ここでは2つの工程を1つの工程として総括的に考えることにした。また消化タンクを完全混合槽、消化反応を一次反応と仮定し、反応に係る微生物濃度を定数として取り扱うこととした。

　以上の条件を基に消化工程まわりの物質収支は式(5.5)で表すことができる[3]。

$$\frac{\partial C_S}{\partial t} = \frac{1}{\tau}(C_{S,in} - C_S) - k \cdot C_S \tag{5.5}$$

　ここに、C_S：消化タンク流出有機物濃度（g/L）
　　　　　t：時間（d）
　　　　　$C_{S,in}$：消化タンク流入有機物濃度（g/L）
　　　　　τ：消化日数　HRT（d）
　　　　　κ：消化速度定数（1/d）
　　　　　である。

　消化タンク流出有機物濃度の変化は極めて小さいものとし定常状態（$\partial C_S / \partial t = 0$）を想定すると、式(5.6)が得られる。

$$\frac{C_S}{C_{S,in}} = \frac{1}{1+\kappa \cdot \tau} \tag{5.6}$$

また、消化率 (μ) を $\mu = 1 - (C_S / C_{S,in})$ とすると、式 (5.7) が得られる。

$$\mu = 1 - \frac{1}{1+\kappa \cdot \tau} \tag{5.7}$$

さらにこれを変形すると式 (5.8) が得られる。

$$\frac{\mu}{1-\mu} = \kappa \cdot \tau \tag{5.8}$$

そして、$\frac{\mu}{1-\mu}$ を Y とすると式 (5.9) が得られる。

$$Y = \kappa \cdot \tau \tag{5.9}$$

消化率 μ と消化日数 τ について検討したい処理場の既往のデータ用いて、式 (5.9) を基に最小自乗法により、当該処理場の消化速度定数 κ を定めておけば、効果的な消化日数を推定することができる。

5.5 検討例

ある処理場において**表 5-1** に示すように 20 のデータが得られたとすると、その解析結果は**図 5-2** に示す通りとなる。

表 5-1 観測されたデータ（例）

No.	消化率 μ	Y = μ /(1- μ)	消化日数 τ
	‒	‒	日
1	0.530	1.13	28.0
2	0.520	1.08	27.0
3	0.545	1.20	25.5
4	0.555	1.25	30.0
5	0.560	1.27	30.5
6	0.565	1.30	29.5
7	0.490	0.96	27.0
8	0.630	1.70	36.5
9	0.590	1.44	32.5
10	0.605	1.53	33.0
11	0.580	1.38	34.5
12	0.500	1.00	24.5
13	0.510	1.04	23.0
14	0.485	0.94	22.0
15	0.475	0.90	22.5
16	0.465	0.87	21.5
17	0.530	1.13	27.5
18	0.560	1.27	28.0
19	0.600	1.50	31.5
20	0.565	1.30	31.0

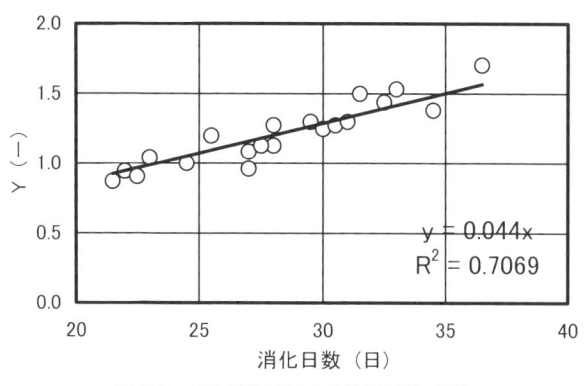

図 5-2 最小自乗法による検討結果（例）

（グラフ：横軸 消化日数（日）20〜40、縦軸 Y(-) 0.0〜2.0、回帰式 y = 0.044x、$R^2 = 0.7069$）

　これより当該処理場が有する消化速度定数 κ は 0.044（1/d）と見積もられ、これを基に例えば消化率 55% を目指すならば、式(5.8)より消化日数は、27.8 日は必要と推察される。

　加えて消化タンクへの投入有機物量が 10,000kg- 有機物であったならば、発生消化ガス量は、

　　10,000kg- 有機物 × 0.55 × 0.793Nm^3/kg- 有機物 = 4,362Nm^3

と見積もられ、このうちメタン発生量は、2,726 Nm^3 と試算される。

参考文献

1) 井出哲夫編著〈第二版〉「水処理工学」- 理論と応用 -、技報堂出版（株）
2) 北尾高嶺著「生物学的排水処理工学」、コロナ社
3) GABRIELE SCHOBER, et al., ONE AND TWO-STAGE DIGESTION OF SOLID ORGANIC WASTE, Wat. Res. Vol.33, No.3, pp854-860,1999

Coffee Break−5

生物学的脱りん

りんも窒素と並んで閉鎖性水域の富栄養化の原因となる栄養塩類を構成するため、富栄養化の制限因子となっている場合は、その除去が必要となります。りんの除去方法としては、凝集剤を用いた物理化学的方法と生物学的方法に大別されますが、ここでは生物学的方法についてお話しします。

活性汚泥は多種多様な微生物によって構成されています。この中には、りん過剰摂取能力を有する微生物（りん蓄積生物）もいます。この現象について以下の図を見ながら簡単に説明します。

このりん蓄積生物は、分子状酸素も結合酸素もない嫌気状態に置かれると、体内に蓄積していたりんを正りん酸（PO_4^{3-}）の形で体外（液相）に放出します。このため、嫌気条件下ではりんの濃度が上昇します。ただしこの場合、りんの放出に有機物を必要とするので、例えば有機汚濁物指標のBODは減少します。続いて分子状酸素が存在する好気状態にりん蓄積生物が置かれると、今度は逆に液相に放出した量以上のPO_4^{3-}を体内に摂取します。

このように生物学的に除去された（活性汚泥に取り込まれた）りんは、水処理工程から汚泥処理工程に移ります。汚泥処理工程では、その運転状態（嫌気状態で比較的BODがある場合）によっては、りんが再び放出され、返流水として水処理工程に戻ってきますので注意が必要です。

スポーツで汗を流した後のビール（ジュース？）は、格別にうまく、流した汗以上の量を飲んでしまいます。これも一種の過剰摂取ですね。

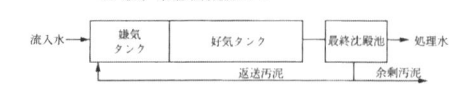

(a) 嫌気−好気活性汚泥法のフロー

(b) 嫌気−好気活性汚泥法の反応タンクにおけるBODとりんの挙動

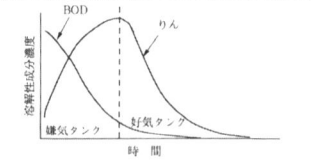

出典・下水道実務講座7「高度処理と再利用」栗林宗人編
生物学的りん除去の原理

【参考文献】
「高度処理施設設計マニュアル（案）」建設省、高度処理会議、平成6年2月

6　下水道施設のネットワーク可能性検討の簡易手法

下水道施設の平常時・非常時（地震時）の双方に対して効果的に対処できる方策として、ネットワーク化がある。連絡すべき基幹施設としては、下水処理場、ポンプ場、大規模幹線などがあるが、ここでは下水処理場のネットワーク化の可能性について、下水処理場の位置状況や特性などの基礎情報を基にした簡易な検討手法の一例を提示する。

ポイント

- 検討対象下水処理場の現地踏査などを踏まえた基礎情報の整理
- ネットワーク化の可能性を判断するための評価項目の選定
- 各評価項目の重み付けと評価基準の考え方・点数化

検討フロー　（処理場間ネットワーク）

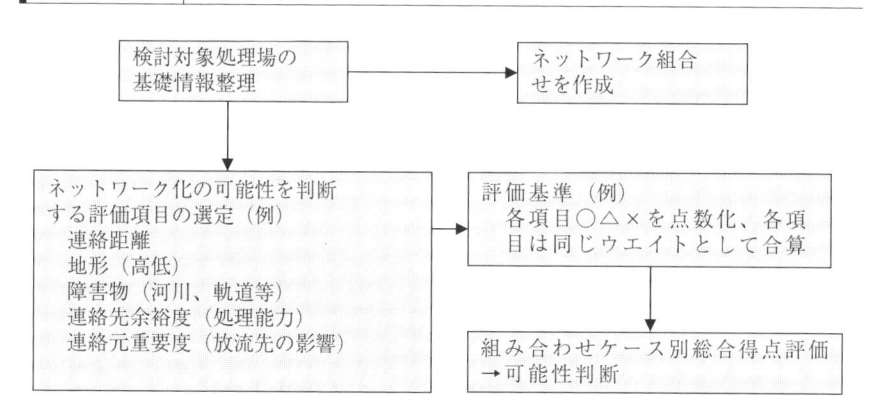

```
┌─────────────────┐      ┌─────────────────┐
│ 検討対象処理場の │─────→│ ネットワーク組合│
│ 基礎情報整理     │      │ せを作成         │
└────────┬────────┘      └─────────────────┘
         ↓
┌─────────────────────────┐   ┌─────────────────────────┐
│ ネットワーク化の可能性を判断 │   │ 評価基準（例）           │
│ する評価項目の選定（例）     │──→│  各項目○△×を点数化、各項│
│   連絡距離                 │   │  目は同じウエイトとして合算│
│   地形（高低）              │   └────────────┬────────────┘
│   障害物（河川、軌道等）      │                ↓
│   連絡先余裕度（処理能力）    │   ┌─────────────────────────┐
│   連絡元重要度（放流先の影響） │   │ 組み合わせケース別総合得点評価│
│                           │   │ →可能性判断                │
└───────────────────────────┘   └─────────────────────────┘
```

使用データ

下水道計画図、現地踏査情報、処理場維持管理年報

計　画　(Planning)

6 Simplified method for feasibility study on the sewerage facilities network

The approach for effective response for both normal and emergency (earthquake) situations of the sewerage facilities is networking of the sewerage facilities. Infractructures to be linked are treatment plants, pumping stations, large trunk sewers. etc. This paper proposes an example of simple study approach, concerning the feasibility of networking of sewage treatment plants, on the basis of fundamental data including locational conditions and characteristics of the plants.

Essential points

- Fundamental data obtained from in-situ survey of sewage treatment plants concerned will be sorted and documented.
- Evaluation items for determinatin of the feasibility of networking will be selected.
- Weighing will be made on each evaluation item, together with determination of the concept of evaluation reference and employment of the marking system.

Study flow (Inter-plant network)

```
Documentation of basic data        →    Preparation of
of the plant to be reviewed             network combination
          ↓
Selection of evaluation items for        Evaluation standard (example)
determination of feasibility of     →    Convert items ○,△,× to points.
networking (example)                     Add up items while assuming the
  Linking distance                       same weight
  Ground level (high/low)
  Obstructions (rivers, tracks, etc)              ↓
  Allowance of the linkage destination
  (treatment capacity)                   Overall point evaluation by
  Importance of the source of linkage →  combination case → determination of
  (influence of the discharge to the     feasibility
  receiving water body)
```

Data used

Sewage plant view, in-situ survey data, annual report of plant maintenance

6.1 はじめに

　近年の兵庫県南部地震や新潟県中越地震等の大地震は、都市インフラの脆弱性と機能麻痺の長期化による地域住民生活への影響を現実のものとして露呈させた。下水道施設も甚大な被害を受け、処理機能が大きく低下し、下水道施設の安全性・補完機能の確保の重要性が指摘され、重要な下水道施設の早急な耐震化が求められている。

　一方で、わが国の下水道ストックは、下水道処理人口普及率に相応するように相当程度大きなものになっている。このため今後の下水道施設・設備の改築・更新事業を効果的・効率的に行うための手法を考えておくことが重要である。

　また、雨天時における合流式下水道からの越流水や閉鎖性水域における富栄養化の問題等、近年の下水道を取り巻く社会情勢の変化に対応するべく、下水処理場の処理機能の高度化についても円滑に推進していくための方策を構築しておくことも肝要である。

　そこでここでは、以上の平常時・非常時（地震時）に双方に対して効果的に対処できる方策として下水道施設のネットワーク化を取り挙げ、その可能性を検討するための比較的簡易な手法の一例を紹介する。

6.2 ネットワーク化の形態

　下水道においてネットワーク化することにより、相互融通できる下水道の資産としては、汚水、雨水、汚泥、処理水の4つの種類があり、連絡すべき基幹施設としては、下水処理場、ポンプ場、大規模幹線、それらの組合せ等が考えられる。

　図6-1に、①汚水連絡管、②汚泥連絡管、③雨水連絡管、④処理水活用連絡管のイメージを示す。地形等の現実的な制約からこれ以外にも種々の形態が考えられるが、基本的にはこのような連絡管の組合せの形態となる。このように連絡管を設置することにより、既設の施設能力の余裕度を互いに有効活用することで、平常時・地震時での対応が効果的・効率的に図れる。

　また下水道に求められる役割が多様化し、健全な水循環・水環境の創出へのより一層の貢献が求められている昨今、処理水活用連絡管の設置は、処理水を都市域における固有で貴重な水資源として活用することができ、人工的な水循環系が発達して自然循環系の機能が低下している都市、あるいは水使用量が非常に大きく水不足が懸念されている都市においては、大きな効果が得られるものと考えられる。

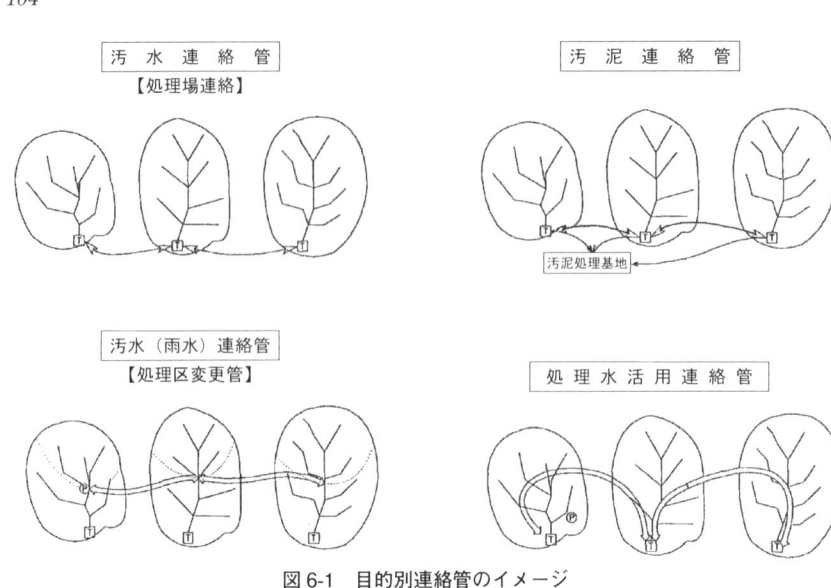

図6-1　目的別連絡管のイメージ
出典）下水道の地震対策マニュアル、2006年版、日本下水道協会

6.3　下水道施設のネットワーク化の可能性検討の一例

ここでは下水処理場間のネットワーク化可能性検討の一例について示す。

検討対象とする下水処理場（T1、T2、T3）、ならびにその位置状況は、**図6-2**に示す通りとする。

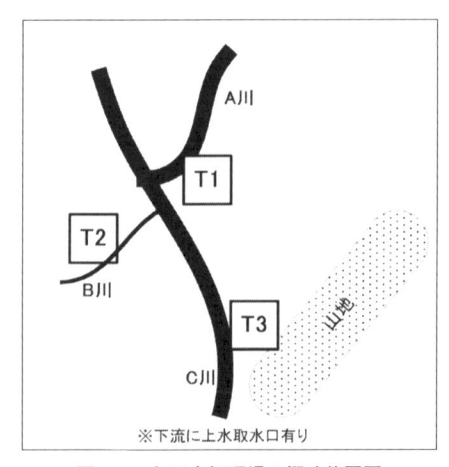

図6-2　各下水処理場の概略位置図

また各処理場の基礎情報は、**表 6-1** に示す通りとする。

表 6-1　各処理場の基礎情報の整理

処理場	標高(M)	水処理方式	現有処理能力 (m³/d)	現況流入水量 (m³/d)	処理余裕量 (m³/d)	放流先	備考	
T1	+ 10	標準活性汚泥法	40,000	30,000	10,000	A川	T1 ～ T2 の距離	6km
							T1 ～ T3 の距離	8km
T2	+ 15	標準活性汚泥法	15,000	10,000	5,000	B川	T2 ～ T1 の距離	6km
							T2 ～ T3 の距離	10km
T3	+ 40	オキシデーションディッチ法	5,000	5,000	0	C川	T3 ～ T1 の距離	8km
							T3 ～ T2 の距離	10km

※放流先水域の下流に上水取水口あり

表 6-1 の情報を基に、例えば**表 6-2** に示すように 5 つの評価項目に着目し、その各々の項目が同じウエイトを有することとして、総合得点評価によりネットワーク化の可能性を判断する。

表 6-2　ネットワーク化の可能性を判断する評価項目と評価基準の例

評価項目	評　価　基　準	個別得点	総合得点評価
連絡距離	○：5km 未満 △：10km 未満 ×：10km 以上	○：2点	・9～10点 　ネットワーク化の可能性が高い
地形	○：自然流下の可能性有り △：実揚程 10m 未満 ×：実揚程 10m 以上		
障害物	○：軌道、河川等の横断無し △：軌道、河川等の横断有り 　（小規模、2,3 カ所程度） ×：軌道、河川等の横断有り 　（大規模、複数）	△：1点	・7～8点 　ネットワーク化の可能性がある
連絡先余裕度	○：大きい 　（水量 10,000m³/d 以上） △：中程度 　（水量 10,000m³/d 未満） ×：無い	×：0点	・0～6点 　ネットワーク化の可能性が低い
連絡元重要度	○：放流先影響が大 △：放流先影響が中 ×：放流先影響が小 　処理水量と放流先状況により判断		

T1、T2、そして T3 の各処理場を総当たりさせ、ネットワーク化の可能性について検討した結果を**表 6-3** に示す。

表 6-3 ネットワーク化の可能性判断表

連絡先＼連絡元	T1					T2					T3				
	連絡距離	地形	障害物	連絡先余裕度	連絡元重要度	連絡距離	地形	障害物	連絡先余裕度	連絡元重要度	連絡距離	地形	障害物	連絡先余裕度	連絡元重要度
T1						△	○	×	○	○	△	○	○	○	○
						7 点					9 点				
T2	△	△	×	△	○						×	○	×	△	○
	5 点										5 点				
T3	△	×	○	×	○	×	×	×	×	○					
	5 点					2 点									

表 6-3 より、処理場 T1 と T3 とのネットワーク化の可能性が高いことが明らかとなった。またこれより各処理場の特性も明らかになり、T1 は T3 をバックアップする当該地域の拠点型処理場、そして T3 は依存型処理場に位置付けられた。加えて処理場 T1 と T2 とのネットワーク化の可能性もあることが示された。このような各処理場の特性の明確化は、例えば耐震対策の優先順位の考え方にも参考になる。

以上、ここではネットワーク化の可能性を検討する一例を提示したが、ネットワーク化の可能性を判断する評価項目、そしてそのウエイト、さらには評価基準や個別得点、ならびに総合得点評価の考え方等、課題は多い。しかしながら、ここで示した簡易な手法は、ネットワーク化の可能性を判断するにあたって、その方向性を見いだす一助になるものと考えられる。

7 プラント設備の機種決定への総合評価法の活用

　プラント設備はプラントメーカーの設計理念に基づく特有の施設であり、プラント設備の評価はプラントメーカー自体の評価を意味する。したがって、透明性・客観性・公平性を確保してプラント設備の評価・選定を行う必要がある。そして、パブリックインボルブメントが求められる案件では、異なる価値体系のもとでの評価が必要になる。総合評価法はそのような条件を満たす方法である。LCC をその一部として含ませて取り扱うことが可能である。

ポイント

- LCC を評価項目の1つとして含む総合評価法が有効である。
- メーカー提出の評価データは、先進事例調査等でクロスチェックして使用する。
- 評価項目間の重み付けは、複数評価者間での討議と重み付けの繰り返しにより行う。

検討フロー

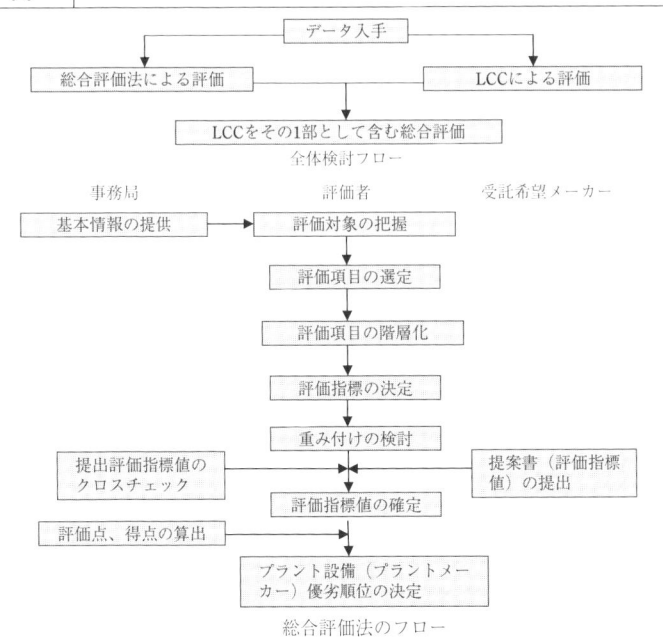

```
              データ入手
         ↙              ↘
総合評価法による評価      LCCによる評価
         ↘              ↙
      LCCをその1部として含む総合評価
```
全体検討フロー

```
事務局              評価者              受託希望メーカー

基本情報の提供  →  評価対象の把握
                      ↓
                   評価項目の選定
                      ↓
                   評価項目の階層化
                      ↓
                   評価指標の決定
                      ↓
                   重み付けの検討
                      ↓
提出評価指標値の  →                   ←  提案書（評価指標
クロスチェック        評価指標値の確定       値）の提出
                      ↓
評価点、得点の算出  ↓
                   プラント設備（プラントメー
                   カー）優劣順位の決定
```
総合評価法のフロー

使用データ

　スペック等のメーカー提案値を先進事例で確認修正した値

7 Utilization of the overall evaluation method for selection of the plant equipment model

The plant equipment is the unique hardware based on the design concept of the plant manufacturer. In this respect, evaluation of the plant equipment means evaluation of the plant manufacturer itself. Therefore, transparency, objectivity, and fairness must be guaranteed for evaluation and selection of the plant equipment. For cases requiring public domain involvement, evaluation must be made under different value systems. The overall evaluation method is the one to cope with such requirements. LCC analysis may be included as a part of such method.

Essential points

- Overall evaluation method including LCC analysis as one of evaluation items will prove effective.
- Evaluation data provided by the manufacturer will be used after cross-checking by research results of similer cases, etc.
- Weighting among evaluation items will be done through discussions among multiple evaluators and repetition of weighting.

Study flow

```
            Acquisition of data
                   ↓
Evaluation according to the          Evaluation with LCC
overall evaluation method
                   ↓
    Overall evaluation including LCC as its part
```
Overall study flow

```
Secretariat              Evaluator              Manufacturer desiring
                                                assignment
Provision of basic →  Understanding of the objects to
information           be evaluated
                           ↓
                  Selection of evaluation items
                           ↓
                  Hierarchizing of evaluation items
                           ↓
                  Determination of evaluation indices
                           ↓
                  Study on weighting
Cross-checking of the     ↕↔          Presentation of the proposal
presented evaluation indices           (evaluation indices)
                     Establishment of
                     evaluation indices
Calculation of evaluation    ↓
scores and points
                  Determination of the order of
                  preference of plant equipment
                  (plant manufacturers)
```
Overall evaluation flow

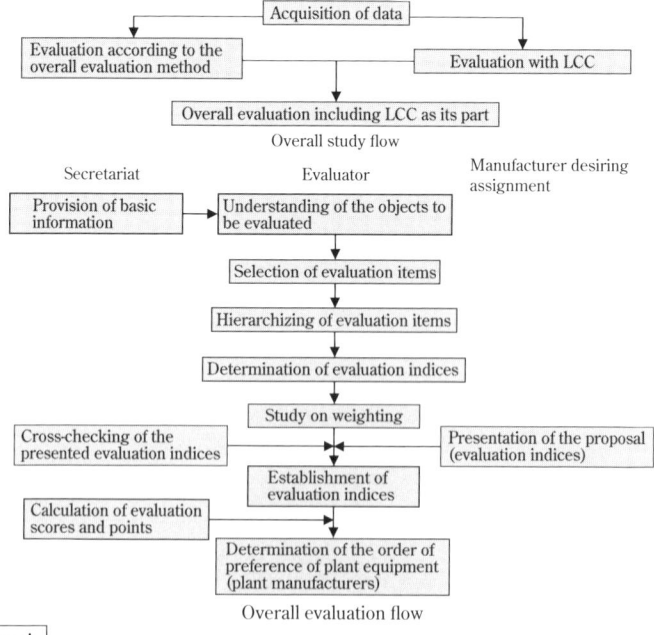

Data used

Values obtained through verification and correction of the manufacturer-presented values (specifications) by research results of similer caces.

7.1 まえがき

多数の設備が組み合わさったプラント設備はプラントメーカー自体の設計理念に基づく特有の施設であり、地方自治体がそれらの中から自分の処理場に最も適したプラント形式を選定する行為は、プラントメーカー自体を選定することになる。したがって、プラント設備としての整備を行うに当たっては、透明性・客観性・公平性の確保が必要であり、プラント設備の評価・選定方法に関する検討が重要である。本章では、プラント設備として汚泥溶融施設を取り上げ、「重み付け総合評価法（以下、総合評価法と略す）」と、「ライフサイクルコスト（以下 LCC と略す）」による評価の 2 方法による望ましい評価方法の構築を行った。

解析対象とするデータは、文献等から得られた既存技術情報、先進事例調査により得られた現地情報、メーカー各社からの技術提案情報である。

7.2 評価方法の選択

社会資本整備における透明性・客観性・公平性を確保する具体的手法としては、2 つの大きな流れがある。ひとつは費用効果分析を実施し、投資費用に対して整備効果がどの程度発現するかを定量的に分析する方法である。もうひとつは、パブリックインボルブメント（住民参加による合意形成）を根底にした総合評価法による評価である。北村隆一博士は、以下の指摘をしている。

① 特定の価値体系に基づいて意志決定がなされる場合、費用効果分析は有効である。しかし、計画の過程で異なる価値体系を持つ個人間で優れて政治的な調整が行われる場合、費用効果分析は機能し難い。パブリックインボルブメントはこのような状況をより頻繁に起こすことになる。

② 対立する価値体系下での意志決定のひとつの方向は、費用効果分析の適用範囲を、貨幣換算の方法が明白な項目に限定し、定量化の方法が自明でない効果は、一元化することなく各々を個別の項目として取り扱うことであろう。

本章においては、最終的には下記の理由により、LCC をその一部として含む総合評価法を採用することとした。

① LCC に反映できない評価項目として、「確実性」「安全性」「環境対策」が残るため、LCC だけでは評価の共通尺度になり得ない。LCC は単なる 1 つの評価軸である。

② プラント設備の LCC において大きなウエイトを占める建設費は、国内で

ある限りほとんど違いはなく維持管理費も大きく変化しない。したがって、LCCのみにおいて優れるプラント設備は、全国どこの地域でも同一のものとなってしまう。
③　総合評価法における評価項目間の重み付けに、各事業者、各地方自治体の意志や計画対象地域の地域性を反映できることこそが、「地方の時代」を推進させる原動力である。

7.3　評価項目の摘出と階層化

摘出した評価項目を上下関係・包括被包括・原因と結果等の概念により階層化して関連付けると表7-1のようになる。

表7-1には、総合評価法の評価項目としての採用、および非採用を◇で、また、LCCによる評価法の評価項目としての採用、および非採用を○で示した。

LCCによる評価方法において採用した12項目は、総合評価法で採用した16項目の中にすべて含まれている。LCCによる評価法はコストという単一定量項目での評価であるため、客観性および透明性に優れているが、コストに反映できない次の4項目があるため、総合評価法よりは評価項目が減少することになった。
・実施設における運転実績が蓄積されている（確実性）
・炉側でのつき棒等による常駐作業がない（安全性）
・大気汚染（ダイオキシン）に関して地域住民に配慮している（環境対策）
・臭気が少ないシステムである（環境対策）

表 7-1 評価項目、評価指標、LCC への反映方法

○：総合評価法
◇：LCC による評価法

評価項目群	評価項目			総合評価法及びLCC評価法の評価項目として		評価指標	LCCへの反映方法
	上位評価項目	中位評価項目	下位評価項目	採用	非採用		
A 添加剤機能	減量化効果が高い	・生成スラグの体積減量化率、重量減量化率が小さい		○ ◇		・生成スラグ重量	・産業処分した場合の費用と見なす
		・生成スラグ以外の産業廃棄物量が少ない		○ ◇		・スラグ以外の産廃重量	・産廃処分費として計上
	安全、安定したスラグ生成が可能である			○			
	生成スラグの性状が再利用目的に合致する			○			
B 運転管理	安定した運転が行える	・実施設における運転実績が蓄積されている		○ ◇		・実施設における実績の有無 (1又は0)	
		・稼動率が高い、休止日数が少ない	・定期点検による休止期間が短い	○ ◇		・稼動率	・休止期間中は脱水ケーキを産廃処分するとして、その費用を計上する (CASE 1) ・必要な能力が増大すると見なし、建設費を稼動率で除して割増とする (CASE 2)
			・トラブル実績が少ない	○ ◇			
		・フェイルセーフ機能が高い	・地震時、停電時、大気時の対応策が確立している	○			
	維持管理作業量が少ない	・湯口の詰まりが少ない構造になっている	・旬側のつつき棒等による常駐作業がない	○ ◇		・旬側のつつき棒等による常駐作業の有無 (1又は0)	
		・定期点検作業量が少ない		○ ◇			
		・日常点検作業量が少ない	・運転管理人数が少ない	○ ◇		・維持管理人数合計	・人件費
C 環境対策	環境対策が優れている	・特別管理廃棄物量が少ない	・ダストの発生量が少ないシステムである	○ ◇		・特別管理廃棄物重量	・特別廃棄物処分費として計上
		・大気汚染に関して地域住民に配慮している		○		・乾燥工程での焼却の有無 (1又は0)	
		・臭気が少ないシステムである		○		・乾燥工程からの臭気漏れの有無 (1又は0)	
		・騒音、振動が少ないシステムである		○			
D 経済性	建設費が安い	・建設費が安い		○ ◇		・機械設備費(現場整合含む)建設費	建設費(機械、土木、建築)
	補修費が安い	・耐用年数が長い	・耐火材の張替期間が長い	○ ◇		・1年当たり耐火材張替費用	補修費(耐火材)
			・補修費が少なくて良い	○ ◇		・年間補修費	補修費(その他)
	エネルギー使用量が少ない	・負荷容量(kw)が少ない		○ ◇		・負荷容量	
		・熱回収の効率が高いシステムである	・重油、灯油、コークス、LPG等の燃料使用量が少ない	○ ◇		・燃料使用量	燃料代
	副資材使用量が少ない	・調整材使用量が少ない		○ ◇		・調整材使用量	調整材代
		・薬品使用量が少ない		○ ◇		・薬品使用量	薬品代
E 初期対策	低負荷初年の運転方法が合理的である	・定常時と同様、連続運転が可能である		○			
		・エネルギー使用量の増量が少なくて良い		○			

7.4 LCC による評価

LCC により評価を行うためには、評価項目を LCC に変換することが必要である。評価項目自体が、建設費、および維持管理費等の費用である場合はこの手順が省略できるが、評価項目が費用でない場合は、評価項目の意味する内容を代替費用として把握し、LCC に変換する必要がある。表 7-1 に評価項目と LCC への変換方法を対比させた。

LCC 算定式は次の通りである。

ケース　イ：休止期間は脱水ケーキを産廃処分する→産廃処分費として計上

$$機械設備費＋土木・建築費 × \frac{溶融設備耐用年数}{土木・建築耐用年数}$$

＋（運転経費＋処分費）×溶融設備耐用年数＋溶融炉廃棄費－溶融炉リサイクル費
注）処分費の中には休止期間中の脱水ケーキ処分費を含む

ケース　ロ：休止期間対応のため炉の規模の拡大が必要→機械設備費÷稼働率
　　　　　　として計上

$$（機械設備費÷稼働率）＋土木・建築費 × \frac{溶融設備耐用年数}{土木・建築耐用年数}$$

＋（運転経費＋処分費）×溶融設備耐用年数＋溶融炉廃棄費－溶融炉リサイクル費
注）処分費の中には休止期間中の脱水ケーキ処分費を含まない

評価対象とした18ケースの「溶融システム」に関するLCCを図7-1に示すが、稼働率および休止期間の差異を産廃処分費として計上する方法と、機械設備費の割増として計上する方法では、LCCの差異は2～3％と小さい。第1位は整理番号3のシステムである。

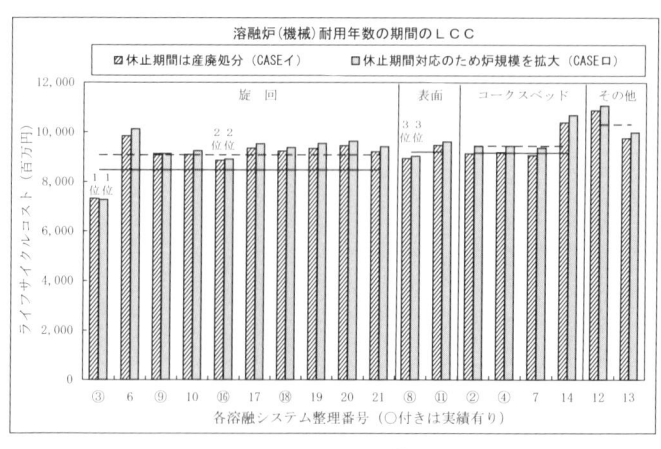

図7-1　各溶融システムにおけるライフサイクルコスト

7.5 総合評価法による評価

　評価項目を定量的に表現する評価指標を確定する場合、注意すべきことは次の2点である。まず第一に、その評価指標が評価項目を正確に表現する性質のものであること、第二として、その評価指標に関するデータが入手可能であること。**表7-1**には、この2点に留意して確定した評価項目に対する評価指標を対比させた。

　評価点への変換方法は、一般的には**図7-2**の変換方法（1）のように行われる。ここで、最良値を1、最悪値を0に変換することは極端すぎるとの指摘がよくなされる。しかし、「最終的な評価得点は順位を検討するためのものであり、評価得点の絶対値自体はさほど重視されるべきものではない」と理解すれば、この変換方法は妥当であると言える。本章においては、上述の指摘を考慮して、**図7-2**の変換方法（2）のように変換した評価得点をも算出し、比較案の優劣順位が変化するか否かをも検討した。

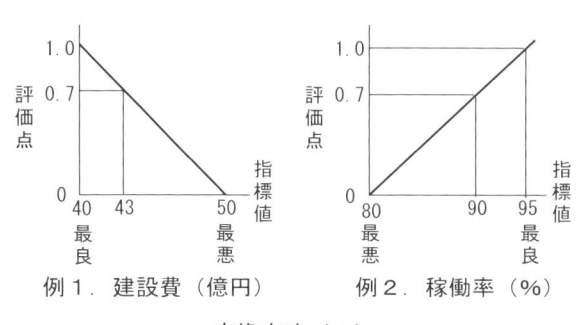

変換方法（1）

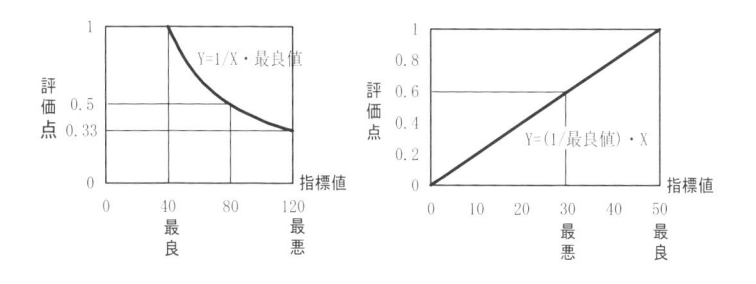

変換方法（2）

図7-2　指標値から評価点への変換方法

評価項目間の重み付けは評価する立場により異なる。本来の重み付き総合評価法では、複数評価者により討議と配点を繰り返し行い収斂させる方法が行われる。本章では、数ケースの重み付けにより評価得点を算定し、比較案の順位がどの程度変化するのか、または変化しないのかを把握することで重み付けの客観性を確保することにした。

今回の検討においては、次の3ケースの重み付けにより評価得点を算定した。なお、この重み付けは、汎用的なものではなく、各事業者、各地方自治体によって異なって然るべきものである。

 ケースA：運転管理（実績、および稼働率）重視
  （運転管理に1000点中800点を配点しその中の実績、および稼働率に600点を配点する。）
 ケースB：均等
  （溶融炉機能、運転管理、環境対策、および経済性に各250点を配点する。）
 ケースC：運転管理、および経済性を同率重視
  （運転管理、および経済性に各400点を配点する。）

合計得点による優劣順位の判定結果を、図7-3 に示す。重み付け方法によらずいずれも第1位は、整理番号3のシステムとなった。

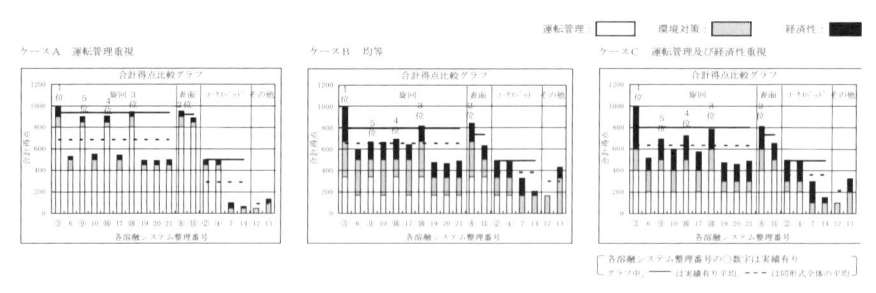

図7-3 合計得点による優劣順位の判定

7.6 LCC をその一部として含む総合評価法による評価

評価対象とした18ケースの「溶融システム」の、総合評価法による優劣順位と、LCCによる評価法の優劣順位の相関を図7-4に示す。なお、LCCに関しては、ケース［イ］で代表させており、総合評価法に関しては、評価項目間のウエイト付けを均等としたケース［B］で代表させている（図7-4参照）。

図7-4 総合評価法による優劣順位とLCCによる評価法による優劣順位の相関

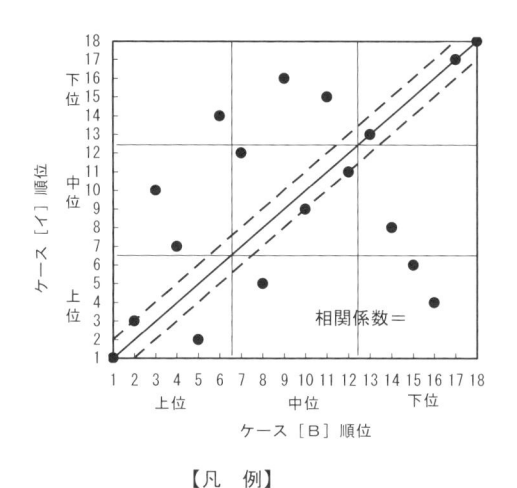

【凡　例】
――――：両ケースによる順位が同一
------：両ケースによる順位が1位違い
　　　：上位、中位、下位グループ分け

　総合評価法による優劣順位とLCCによる評価法の優劣順位の間の相関は低く、このことは、総合評価法とLCCによる評価法では各々別の側面から評価を行っていることを意味している。このことからも、LCCをその一部として含む総合評価法の採用が有用であると判断できる。
　総合評価法による評価で取り上げた16の評価項目の中で、費用に換算できるのは12項目である。したがって、LCCをその一部として含む総合評価法を用いる場合の評価項目は、下記の5項目に整理できることになる。

運転管理 ─┬─ 実施設における運転実績の有無（確実性）
　　　　　└─ 炉側でのつき棒等による常駐作業の有無（安全性）
環境対策 ─┬─ 大気汚染（ダイオキシン）に関して地域住民に配慮している
　　　　　└─ 臭気が少ないシステムである
経済性　 ─── LCC

　LCC以外は、有、無または、YES、NOの判別である。評価点への変換を最良値で1、最悪値で0とする方法を採用し、評価項目間の重み付けを次の通りとする3ケースについて、評価得点を算出した。なお、この重み付けも、汎用的なものではなく、各事業者、各地方自治体によって異なって然るべきものである。
　　ケースA：運転管理重視
　　　　（運転管理に1000点中800点を配点し、その中の2項目に半分ずつ

配点する）
　ケースB：均等
　　　　（運転管理に340点、環境対策とLCCにそれぞれ330点ずつ配点する）
　ケースC：運転管理、経済性重視
　　　　（運転管理、経済性に各400点配点する）

合計得点による「溶融炉形式」および「溶融システム」の優劣順位を、**図7-5**に示す。**図7-5**より、次のことが分かる。

① 評価項目間のウエイト付けを変化させても、本章で取り上げた評価項目による限り、「溶融炉形式」の優劣順位は変わらない。

② 評価項目間のウエイト付けを変化させても、本章で取り上げた評価項目による限り、評価対象とした18ケースの「溶融システム」の中での第1位から第5位までは変わらない。

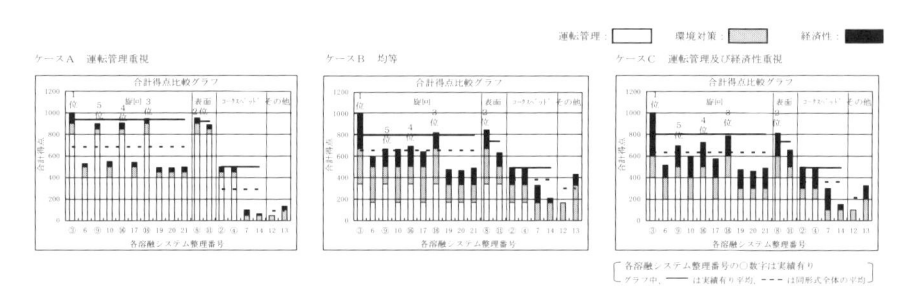

図7-5　合計得点による優劣順位の判定（LCCをその一部として含む総合評価法による得点）

以上の検討で第1位となった溶融システムが実際に採用となり、稼働開始している。

参考文献　（本章は、下記の既発表論文を編集したものである）
　1）芳賀修二、西村 孝、大木宜章、白潟良一：地方自治体におけるプラント設備の評価・選定に関する一考察、下水道協会誌論文集、Vol.38、No.470、pp.143～156、2001年12月

8 雨水混入と影響日の判定

分流式下水道における雨水混入は、流入管渠における溢水、ポンプ運転への制約、水処理機能の安定性低下のほか、下水道経営への影響など、種々の問題を起こす。雨水混入の有無の判定と降雨終了後の影響日判定は、影響の把握、対策の立案のために必要である。

ポイント

- 流入水量と降雨量の日変動の周波数構成の対比から、雨水混入の判定が可能である。
- 複数年データの場合、年次増加分を除去した流入水量変化量と降雨量を対比する。
- 降雨終了後の日数別に流入水量変化量と降雨量の関係を把握して影響遅れを把握する。

検討フロー

```
データ入手
    流入水量日データ Q(t)  降雨量 日データ R(t)
```
↓
```
周期変動成分への注目による雨水混入の判定
    Q(t), R(t) のパワースペクトルの算出→卓越周波数、周期の解釈
    Q(t), R(t) のクロススペクトルの算出→相関への寄与が大きい周波数、周期の把握
    Q(t), R(t) のコヒーレンシーの算出 →周波数別相互相関係数
              ↓
    クロススペクトル、コヒーレンシーが高いならば雨水混入ありと判定
```
↓
```
降雨終了後の影響日判定
    流入水量変化量(=流入水量−年次増加分)の算定
              ↓
    降雨量と降雨日当日(1日目)の流入水量変化量の回帰式作成
    降雨量と降雨日翌日(2日目)の流入水量変化量の回帰式作成
    降雨量と降雨日翌々日(3日目)の流入水量変化量の回帰式作成
              ↓
    流入水量変化量がゼロとなる降雨量以下では降雨影響はない
              ↓
    降雨終了後何日目まで影響があるかの判定値を降雨量ごとに決定
```

使用データ

複数年分の流入水量(m^3/日)、降雨量(mm/日)

設計 (Design)

8 Determination on inflow of stormwater and inflow influence days

Inflow of stormwater into separate sewer system causes various problems, including overflow from received pipe, constrained pump operation, deteriorated stability of water treatment functions as well as adverse effects on the sewerage management. Determination on whether or not stormwater has entered and inflow influence days after rainfall are essential for understanding of the influences and planning of countermeasures.

Essential points

- Inflow of stormwater can be determined from comparison of the frequency composition of daily fluctuation of influent of WWTP and rainfall.
- In case of data over multiple years, the influent fluctuation rate and rainfall are compared after removal of annual increment.
- Lag of influence will be understood by identifying the influent fluctuation rate and rainfall by the number of days elapsed after rainfall.

Study flow

Data acquisition
Daily data of influent of WWTP Q (t)   Daily rainfall data R(t)

↓

Determination on inflow of stormwater by paying attention to periodically-varying contents
Calculation of power spectrum of Q (t), R(t) →Interpretation of predominant frequency, cycle
Calculation of cross spectrum of Q (t), R (t) →Understanding of the frequency and cycle contributing greatly to correlation
Calculation of coherency of Q (t), R(t) →Coefficient of inter-correlation by frequency
↓
High cross-spectrum and coherency are determined to be the proof of stormwater inflow

↓

Determination of the influence days after end of rainfall
Calculation of inflow fluctuation rate (=influent − annual increment)
↓
Preparation of regression equation on the rainfall and the influent fluctuation rate on the day of rainfall (1st day)
Preparation of regression equation on the rainfall and the influent fluctuation rate on the day after the day of rainfall (2nd day)
Preparation of regression equation on the rainfall and the influent fluctuation rate of the day after the next (3rd day)
↓
No influence from rainfall observed when the rainfall is below the level at which the influent fluctuation rate becomes zero
↓
Determination of influence days by rainfall

Data used

Influent (m^3/day) of WWTP and rainfall (mm/day) for multiple years

8.1 使用データ

分流式下水道の2処理場における11年間の日流入水量を降雨量と共に**図**8-1に示す。当該処理場の概要を**表**8-1に示す。

降雨により流入水量が増加する現象を、A処理場の運転管理者は認識しており、B処理場の運転管理者は認識していない。A処理場においては、面整備区域の拡大と共に流入水量が漸増している。そして、降雨日においては、流入水量が急増する現象が認められる。B処理場においては、観光シーズンとオフシーズンの変動が大きいが、年次的な流入水量は5年目以降は横這い状態である。そして降雨日における流入水量の増加は明確でない。

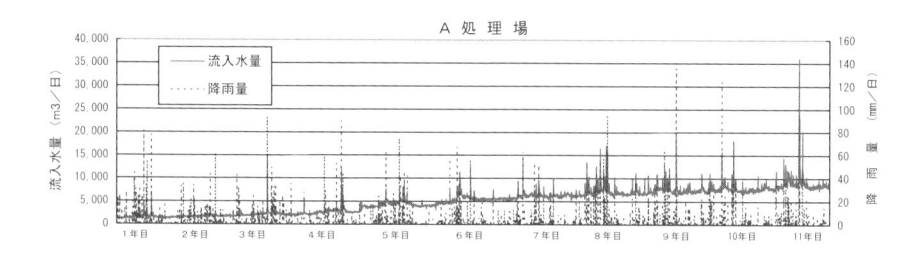

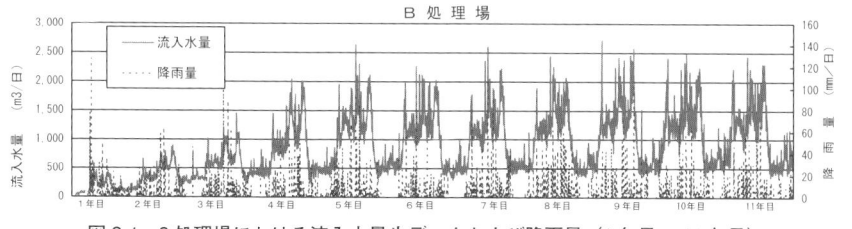

図8-1 2処理場における流入水量生データおよび降雨量（1年目～11年目）

表8-1 対象処理場の概要

	A処理場	B処理場
①下水道の種別	流域下水道	特定環境保全公共下水道
②排除方式	分流式	分流式
③計画1日最大汚水量（m³/日）	50,000	5,000
④処理区特性	工場排水を含む	自然探勝観光地

8.2 パワースペクトルによる流入水量、雨量の周期性把握

パワースペクトルの概念は、図8-2に示す通り、分光器（プリズム）の機能として理解できる。種々の波長の光の合成である白色光をプリズムを通して各波長ごとの色の帯に分光し、色ごとの光の強さを分かるようにしたものがスペクトルである。これを一般の不規則変動の場合に転用して、その現象を構成する変動の各周波数成分の寄与分を表すようになっている。下式が原義的パワースペクトル$P(f)$の定義である[2),3)]。

$$\overline{x^2} = \int_{-\infty}^{\infty} P(f)df$$

周波数fと$f+df$間に含まれる成分波の変動エネルギー$\overline{x^2}$への寄与率がパワースペクトル$P(f)df$である。$\overline{x^2}$は$x(t)$で表される不規則変動の平均パワーである[2),3)]。

$$\overline{x^2} = \lim_{T \to \infty} \frac{1}{T} \int_{-T/2}^{T/2} x^2(t)dt$$

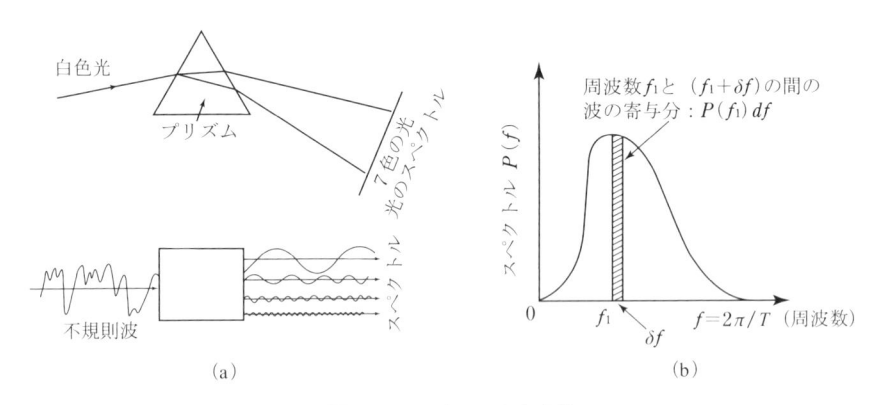

図8-2 スペクトルの意味[2)]

振動数が既知の合成正弦波についてのパワースペクトルを算出した結果が図8-3である。各々、構成する周波数にピークが現れる。

2処理場における流入水量、降雨量について、パワースペクトルを算出した結果が図8-4である。

表 8-2 合成波の条件

	合成振動数	振幅	時間刻み	継続時間
波形 1	0.1Hz、0.2Hz、0.5Hz	1.0	0.0390625	10 秒
波形 2	0.1Hz、0.2Hz	〃	〃	〃

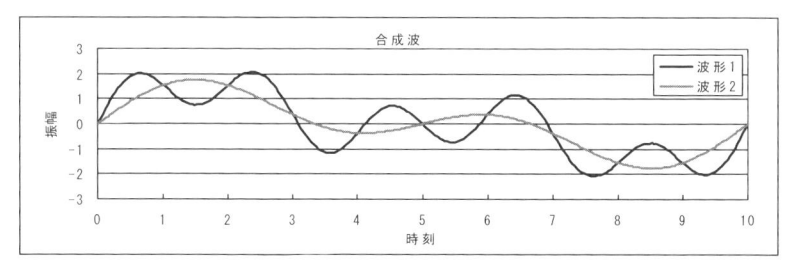

図 8-3 合成正弦波のパワースペクトル

　A、B 処理場は、標高は異なるが同地域に位置している。したがって、降雨量のパワースペクトルは同形状である。

　流入水量に関しては、両処理場、処理区域の特性を表している。A 処理場においては、0.015cycle/day、0.05cycle/day、0.095cycle/day の周波数が卓越しており、それらはそれぞれ、約 70 日、20 日、10 日の周期に相当するが、降雨量のパワースペクトルにおいても同じ周波数がピークを示しており、雨水浸入の影響と考えられる。70 日周期は、融雪、梅雨、台風がほぼ 2〜3 カ月間隔で到来するためと解釈できる。B 処理場においては、0.01cycle/day、0.14cycle/day の周波数が卓越しており、それらはそれぞれ約 100 日、7 日の周期に相当する。新緑、夏祭、紅葉と、ほぼ 1 年を 3 期に分けて観光客数が季節変動すること、また、1 週間の間では土、日に観光客が集中することが表れていると解釈できる。

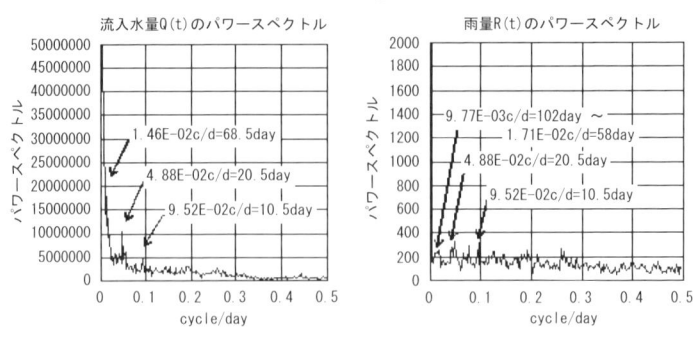

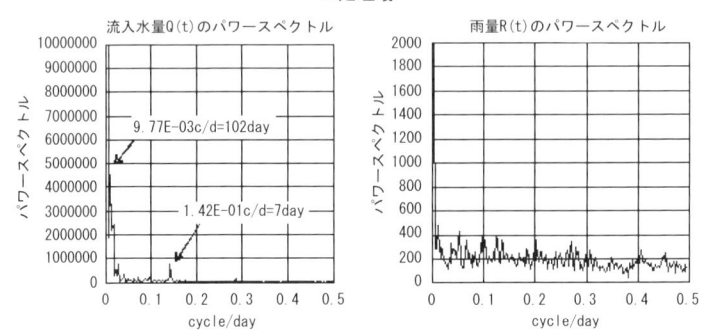

図 8-4　両処理場における流入水量、雨量についてのパワースペクトル

8.3　クロススペクトルによる流入水量、雨量の周期成分の相関把握

　パワースペクトルが1種類の不規則変動における各周波数成分の寄与分を表すことに対し、2種類の変動における相関が種々の周波数の変動成分の寄与から成ると考え、その周波数帯（ω、$\omega + d\omega$）による寄与分 $S_{xy}(\omega)\,d\omega$ がクロススペクトルと定義される。下式がクロススペクトルの定義式である[2), 3)]。

$$C_{xy}(0) = \int_{-\infty}^{\infty} S_{xy}(\omega)d\omega$$

　$C_{xy}(0)$ は、2種類の変動 x(t)、y(t) の同一時刻（ラグ $\tau = 0$）における相互相関であり、次式で算定される。

$$C_{xy}(\tau) = \overline{x(t)\,y(t+\tau)}$$

$$= \lim_{T \to \infty} \frac{1}{2T} \int_{-T}^{T} x(t)y(t+\tau)dt$$

図 8-3 に示した合成正弦波についてクロススペクトルを算出した結果が図 8-5 である。
両方の波形に共通する周波数にピークが現れる。

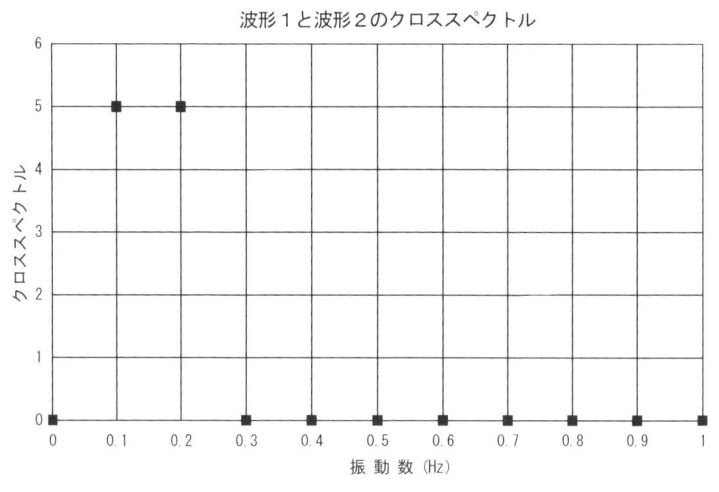

図 8-5　合成正弦波のクロススペクトル

A、B 処理場における流入水量、降雨量について、クロススペクトルを算出した結果が図 8-6 である。A 処理場においては、0.015cycle/day（70 日）、0.05cycle/day（20 日）、0.095cycle/day（10 日）の周波数においてピークが現れており、流入水量と降雨量の間での相関がこの周波数成分においては寄与分が大きいことを

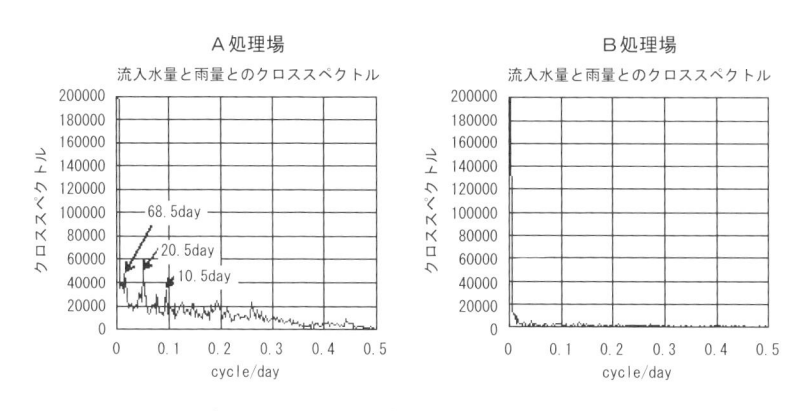

図 8-6　両処理場における流入水量、雨量についてのクロススペクトル

示している。B処理場においてはピークは現れていない。

8.4 コヒーレンシーによる流入水量、雨量の周期成分の相関把握

クロススペクトルは、2種類の変動における相関が種々の周波数の変動成分の寄与から成ると考え、その周波数帯（ω、$\omega + d\omega$）による寄与分として定義された。各周波数ごとの相互相関係数として定義し直した値がコヒーレンシー Coh（ω）であり、下式が定義式である[2),3)]。

$$\mathrm{Coh}^2(\omega) = \frac{|S_{xy}(\omega)|^2}{S_{xx}(\omega)S_{yy}(\omega)}$$

$S_{xx}(\omega)$：x（t）のパワースペクトル
$S_{yy}(\omega)$：y（t）のパワースペクトル
$S_{xy}(\omega)$：x（t）とy（t）のクロススペクトル

図8-3に示した合成正弦波についてコヒーレンシーを算出した結果が図8-7である。同一周波数から構成されている場合は、コヒーレンシーが1.0を示す。

A、B処理場における流入水量、降雨量についてコヒーレンシーを算出した結果が、図8-8である。A処理場におけるコヒーレンシーは、0.01 ～ 0.35cycle/day（100 ～ 3日）の範囲において、0.5以上を示しており、特に0.05 ～ 0.12cycle/day（20 ～ 8日）の周波数に関しては、0.8以上を示す場合があり、B処理場に比べて相関が高い。このことからもA処理場における雨水混入が説明できる。B処理場におけるコヒーレンシーは、すべての周波数に関して0.2程度と低い。

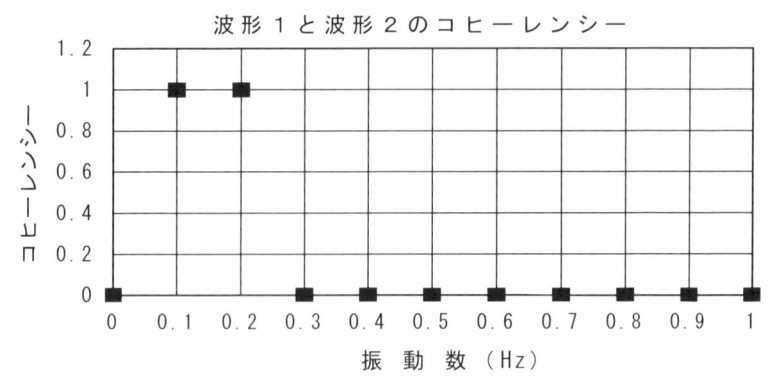

図8-7 合成正弦波のコヒーレンシー

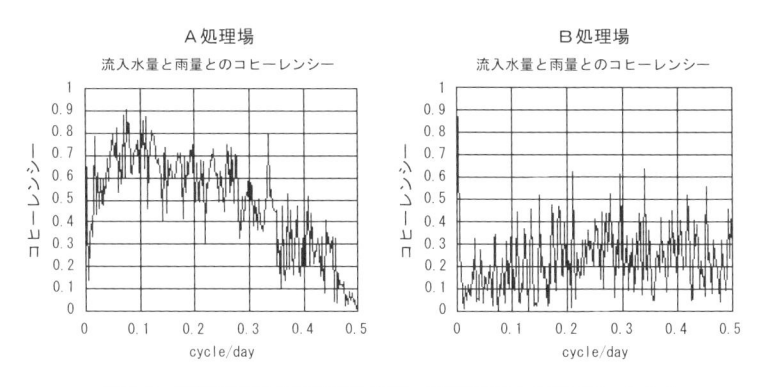

図 8-8　両処理場における流入水量、雨量についてのコヒーレンシー

8.5　降雨終了後の影響日判定

降雨量の流入水量への影響を解析するために、図 8-9 に示す過程で「流入水量変化量」を算定した。なお、流入水量変化量とは、次の通りに定義する値である。

　A 処理場…流入水量の中で年次増加成分を一次回帰式にて作成し、流入水量
　　　　　　生データ値より差し引いた残差
　B 処理場…流入水量の中で年次増加成分を 365 日移動平均値として作成し、
　　　　　　流入水量生データ値より差し引いた残差

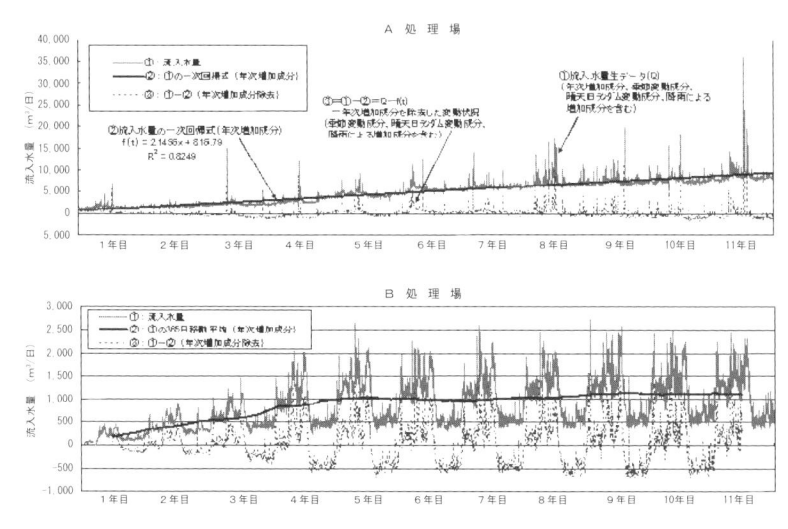

図 8-9　2 処理場における流入水量変化量

B処理場においては、年次増加状況が直線的でなく横這い状況であったため、365日移動平均値を用いた。

A、Bの2処理場について、降雨量（mm/日）と流入水量変化量（m^3/日）の関係を示したのが図8-10、図8-11である。図8-9の段階では、365日移動平均をとると365日以下の短周期変動は吸収されてしまうため、土、日データも含んでいる。図8-11の段階では、B処理場においては、土、日における観光客数の増加に起因した流入水量の増加の影響が、降雨による影響と同じ日オーダーであることから、土、日のデータを除外した。

降雨の流入水量変化量に与える影響は、降雨量の大小により異なると考えられるが、A処理場のデータにはそれが明確に表れている。降雨量と流入水量変化量の関係を、当日の流入水量変化量、翌日の流入水量変化量、翌々日の流入水量変化量と、タイムラグを考慮して一次回帰させたのが図8-10である。タイムラグ

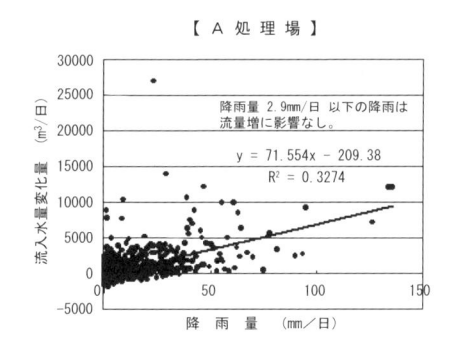

【 A 処 理 場 】

降雨量 2.9mm/日 以下の降雨は流量増に影響なし。

$y = 71.554x - 209.38$
$R^2 = 0.3274$

図8-10(1)　降雨量と降雨日当日（1日目）の流入水量変化量の関係

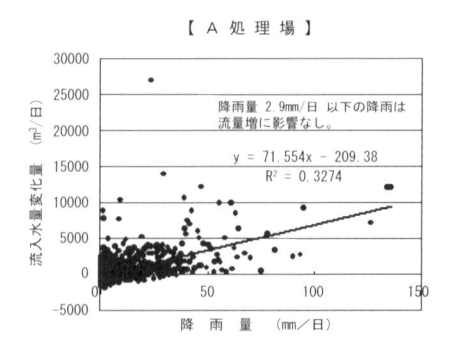

【 A 処 理 場 】

降雨量 2.9mm/日 以下の降雨は流量増に影響なし。

$y = 71.554x - 209.38$
$R^2 = 0.3274$

図8-10(2)　降雨量と降雨日翌日（2日目）の流入水量変化量の関係

【 A 処 理 場 】

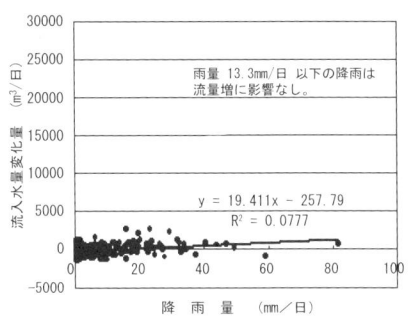

雨量 13.3mm/日 以下の降雨は
流量増に影響なし。

$y = 19.411x - 257.79$
$R^2 = 0.0777$

図 8-10(3)　降雨量と降雨日翌々日（3日目）の流入水量変化量の関係

が延長するにつれて、一次回帰式の R^2（R は相関係数）は低下し、かつ、流入水量変化量がゼロとなる降雨量は増大している。

運転管理者が、降雨による流入水量の増加を実感していない B 処理場においても同様の解析を行ったが図 8-11 の通り流入水量変化量がゼロとなる降雨量は存在しなかった。

【 B 処 理 場 】

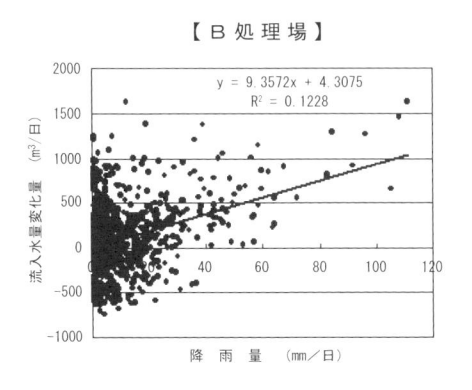

$y = 9.3572x + 4.3075$
$R^2 = 0.1228$

図 8-11　降雨量と降雨日当日（1日目）の流入水量変化量の関係

流入水量変化量がゼロになる降雨量以下では降雨による流量増はないと判断すると、表 8-3 のような晴天日判定方法を作ることができる。

表 8-3　降雨量を考慮した晴天日判定方法
（A 処理場）

降雨量 (mm/日)	晴天（○）、雨天（●）の判別			
	当日 (1 日目)	翌日 (2 日目)	翌々日 (3 日目)	4 日目
0〜3	○	○	○	○
3〜7	●	○	○	○
7〜13	●	●	○	○
13 以上	●	●	●	○

　A 処理場の流入水量に関して、表 8-3 で降雨による影響日と判定されたデータを除去し、その期間を前後のデータから直線補完した結果を図 8-12 に示す。図 8-9 と照合すると、その結果が分かる。このデータについて、パワースペクトル、降雨量とのクロススペクトル、コヒーレンシーを算出し、降雨による影響が除去されたことを確認する。

　流入水量のパワースペクトルを図 8-13(1) に示す。降雨による影響を除去する前は、図 8-3 に示した通り、降雨量と同一の周波数にピークが現れていたが、図 8-13(1) では、それは消去されている。クロススペクトルは図 8-13(2) であるが、図 8-6 に比べ、同じくピークが消去されている。コヒーレンシーは、図 8-13(3) であるが、雨水浸入がない B 処理場と同程度にまで低下している。

　以上により、降雨による影響日の除去が確認できた。

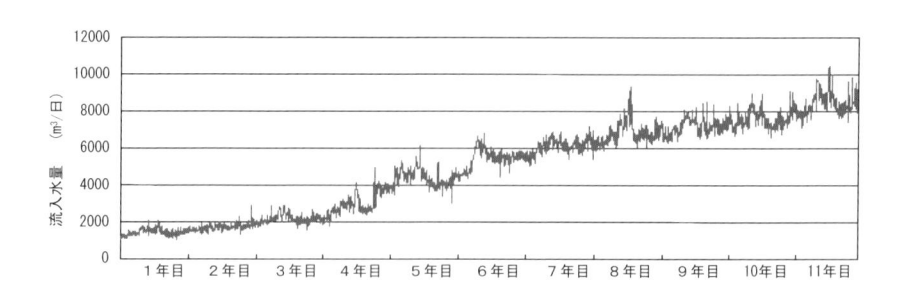

図 8-12　降雨による影響日を除外した流入水量（A 処理場）

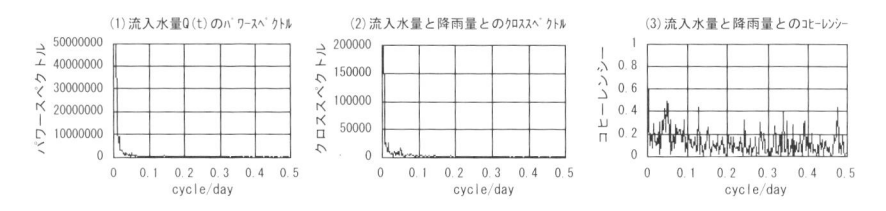

図8-13 降雨による影響日を除外したデータによるパワースペクトル、クロススペクトル、コヒーレンシー

参考文献 （本章は、下記の既発表論文を編集したものである）
1) 白潟良一、高橋 昇、角田 太、西村 孝：既設処理場の運転管理データを用いた水処理施設の増設計画に関する一考察、下水道協会誌論文集、Vol.41、No.495、pp.150～174、2004年1月
2) 日野幹雄：スペクトル解析、朝倉書店、1981
3) 石原藤次郎、本間 仁：応用水理学（下Ⅱ）、丸善、1971

Coffee Break−6

アンモニアストリッピング法

下水処理における窒素除去法は生物学的硝化脱窒法が主流ですが、アンモニアストリッピング法も窒素除去法のひとつです。

この原理は極めて単純で、以下に示すように水中のアンモニウムイオン $[NH_4^+]$ が水酸化物イオン $[OH^-]$ と反応し、アンモニアガス $[NH_3]$ として大気中に飛散させるものです。

$$[NH_4^+] + [OH^-] \longleftrightarrow [NH_3] + [H_2O]$$

この場合の平衡定数 K は、

$$K = \frac{[NH_4^+] \times [OH^-]}{[NH_3] \times [H_2O]}$$

であり、$[H_2O]$ は一定とみなすことができるので、$K_N = K \times [H_2O]$ とすると、

$$\frac{[NH_4^+]}{[NH_3]} = \frac{K_N}{[OH^-]}$$

が導かれます。この式に、例えば解離定数 K_N に常温の近似値として 1.8×10^{-5} [mol/L] を、$[OH^-]$ に水のイオン積 K_W $[10^{-14}$ [mol/L]$]/[H^+]$ をそれぞれ代入すると、次のように $[H^+]$ の関数となります。

$$\frac{[NH_4^+]}{[NH_3]} = \frac{K_N \times [H^+]}{K_W} = \frac{1.8 \times 10^{-5} \times [H^+]}{10^{-14}} = 1.8 \times 10^9 \times [H^+]$$

ここでアンモニアトータル $[[NH_3] + [NH_4^+]]$ のうち、大気中に飛散する $[NH_3]$ の割合を R とすると、

$$R = \frac{[NH_3]}{[NH_3] + [NH_4^+]} = \frac{1}{1 + [NH_4^+]/[NH_3]} = \frac{1}{1 + 1.8 \times 10^9 \times [H^+]}$$

となり、pH の上昇（$[H^+]$ 濃度の低下）に伴い飛散する割合は次のように計算されます。

pH	水素イオン濃度	飛散割合
(－)	mol/L	(％)
7.0	1.00E-07	0.6
7.5	3.16E-08	1.7
8.0	1.00E-08	5.3
8.5	3.16E-09	14.9
9.0	1.00E-09	35.7
9.5	3.16E-10	63.7
10.0	1.00E-10	84.7
10.5	3.16E-11	94.6
11.0	1.00E-11	98.2
11.5	3.16E-12	99.4
12.0	1.00E-12	99.8
12.5	3.16E-13	99.9
13.0	1.00E-13	100.0
13.5	3.16E-14	100.0
14.0	1.00E-14	100.0

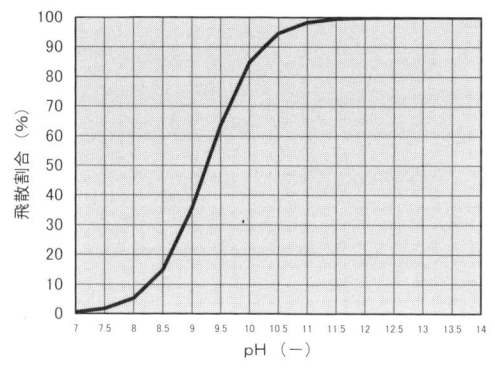

pHとアンモニアストリッピングの関係

設計 (Design)

9 処理施設配置の定量データに基づく比較検討

処理場内での施設配置の善し悪しは、通水後の使用エネルギー量、維持管理作業者の利便性、増設工事における建設費、周辺環境および場内環境、将来の計画変更に対する柔軟性等に影響を及ぼす。したがって、施設配置検討は重要事項であるが、計画者の経験や主観に基づく検討になる場合が多い。ここでは、定量的データに基づき総合評価する方法について述べる。

ポイント

・評価項目の摘出は、複数関係者のブレーンストーミングにより広範囲に取り上げる。
・評価項目は、定量データが得られる具体的評価指標にまでブレークダウンする。
・評価項目間の重み付けは、複数関係者間での討議と重み付けの繰り返しにより行う。

検討フロー

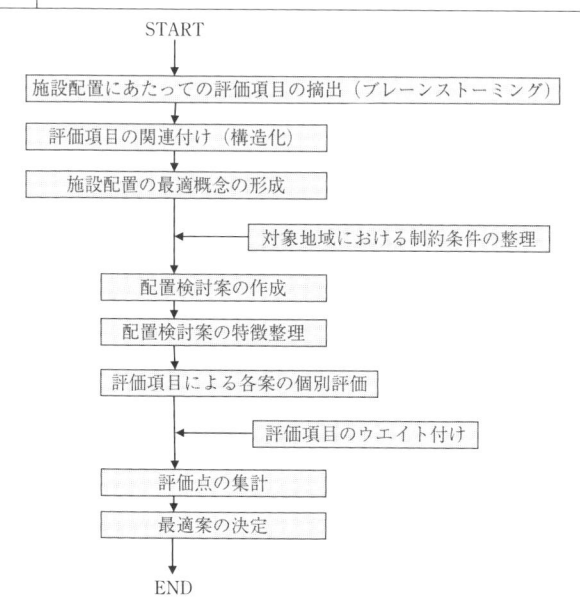

```
START
  ↓
施設配置にあたっての評価項目の摘出（ブレーンストーミング）
  ↓
評価項目の関連付け（構造化）
  ↓
施設配置の最適概念の形成
  ↓ ← 対象地域における制約条件の整理
配置検討案の作成
  ↓
配置検討案の特徴整理
  ↓
評価項目による各案の個別評価
  ↓ ← 評価項目のウエイト付け
評価点の集計
  ↓
最適案の決定
  ↓
END
```

使用データ

予定敷地に関する情報、施設配置案に関する距離、面積などの値

設計 (Design)

9 Comparative study on treatment facilities layout based on the quantitative data

The quality of facilities layout in WWTP governs the energy consumption after commissioning, facility of maintenance works, construction costs for additional works, surrounding and in-plant environments, and flexibility for future change in the plan. Accordingly, study of facilities layout, though important, is often based on the experiences and subjective view of the planner. This chapter describes the overall evaluation method based on the quantitative data.

Essential points

- Evaluation items will be extracted from the wide range of field through brainstorming of mutiple persons concerned.
- Evaluation items will be broken down to specific evaluation indices derived from quantitative data.
- Weighting among evaluation items will be done through discussions among multiple persons concerned and repetition of weighting.

Study flow

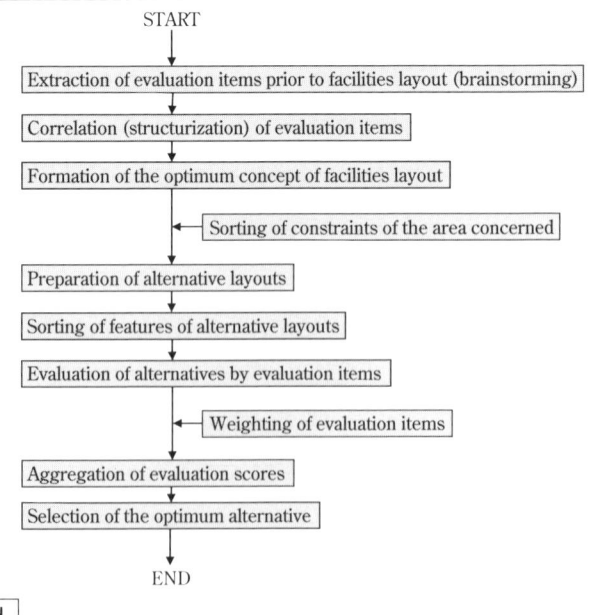

```
                    START
                      ↓
   Extraction of evaluation items prior to facilities layout (brainstorming)
                      ↓
         Correlation (structurization) of evaluation items
                      ↓
         Formation of the optimum concept of facilities layout
                      ↓
                      ←── Sorting of constraints of the area concerned
                      ↓
               Preparation of alternative layouts
                      ↓
            Sorting of features of alternative layouts
                      ↓
          Evaluation of alternatives by evaluation items
                      ↓
                      ←── Weighting of evaluation items
                      ↓
               Aggregation of evaluation scores
                      ↓
              Selection of the optimum alternative
                      ↓
                     END
```

Data used

Information on candidate site of WWTP; parameters concerning facilities layout,such as the distance, area, etc.

9.1 評価項目の摘出

　複雑なテーマに関して関係要因の摘出、相互関係の把握を行い、議論参加者が共通認識する手段としてブレーンストーミングとKJ法がある。ブレーンストーミングは、以下のルールで実施される。

① 他の人の意見を批判してはならない。多くのアイデアを出すことを優先する。
② 他の人の発言を参考に、自分の新たなアイデアを生み出すのも歓迎する。
③ 発言の機会を席次順など均等にし、一度に1項目のみ発言する。多くの知識を有する人が多くの発言をしてしまい、他の参加者の発言がなくなることを避ける。

　KJ法は、ブレーンストーミングで摘出されたキーワードをカードにして、空間的に配置することで、上位と下位、原因と結果、包括と非包括などの関係を整理する手法である。カード配置の段階で未摘出の要因に気づき追加することもできる。

　処理施設配置も多数の関係要因があり、利害関係者が存在する複雑な問題である。事業を進める自治体にも、計画を進める本課、建設を受け持つ工事事務所、維持管理に関係する管理部門では、それぞれ重視する要因が異なる。経済性でも建設費、維持管理費の重みの考え方が異なる。さらに、処理場周辺の住民からも環境面での要望が出される。流域下水道の場合、建設、維持管理両段階での負担金に関して市町村からの要望もある。

　したがって、処理施設配置の検討にあたり、評価項目を摘出するには、ブレーンストーミングとKJ法の適用が有効である。**図9-1**に、それらの方法により整理した評価項目を示す。

設計 (Design)

運転操作
- 水処理員・汚泥処理員の意見交換
- 運転員と水質員の意見交換
- 運転員が処理施設に近い(常時)
- 運転員がポンプ棟に近い(非常時)

維持作業
- 水路屈折箇所、もぐり箇所が少ない(スカム、堆積)
- 水路段階ち箇所が少ない(発泡)
- 水路長が短い(堆積)
- 汚泥圧送の屈折、高低差が少ない(閉塞、エア抜き)
- 汚泥圧送距離が短い(閉塞)
- 維持作業必要箇所が互いに近い(移動時間)
- 点検作業必要箇所が互いに近い(移動時間)
- 搬出入作業を行う施設に車輌が接近可能
- 修理作業を行う施設に車輌が接近可能(頻度少)
- 本館への外来車と搬出入作業車が別ルートである
- 積雪時の除雪ルートが少なくて済む

経済性
- コンパクトな配置である
- 水路、管路(水、空気)、管廊が短い
- 地質状況に応じた施設配置となっている
- 増設時の障害が少ない
- 維持作業員が少なくて済む
- 場内ポンプ(水、汚泥)場程が低い
- 一期計画用買収用地面積が狭い

場内作業環境
- 本館まわりのオープンスペースが広い
- 本館の南がオープンスペースである(居室の日照)
- 脱水ケーキ、沈砂スクリーンかす搬出ホッパーは北側である(腐敗防止)
- 本館から騒音・振動源が離れている
- 本館から臭気源が離れている

周辺環境
- 景観としての影響が少ない
- 日照としての影響が少ない
- 騒音、振動による影響が少ない
- 臭気による影響が少ない
- 発泡、細菌の飛散による影響が少ない
- 工事中、騒音・振動による影響が少ない
- 工事中、砂塵による影響が少ない

将来計画の柔軟性
- 空地がまとまっている

図 9-1　評価項目の摘出結果

9.2　評価項目の構造化と最適概念の形成

　摘出された評価項目の中には、上位下位、原因と結果、包括非包括等の関係にある項目も含まれている。したがって、すべての評価項目を同列で取り扱うことは、特定の案を有利に評価することになる。評価項目を構造化してまとめた結果を、**表9-1**に示す。4段階にまとめ、最上位を評価概念と称した。処理施設配置の最適概念は、運転操作に支障がなく、維持作業が少なくて済み、経済性に優れ、周辺環境への影響が少なく、場内作業環境が良好で、将来の計画変更に対する柔軟性がある、ことと明確になった。

9 処理施設配置の定量データに基づく比較検討

表 9-1 評価項目の摘出・構造化、評価指標の確定

評価概念	上位評価項目	中位評価項目	下位評価項目	評価指標
運転操作に支障がない	施設間の動線が短い	水処理・汚泥処理を同一の運転員が把握できる	水処理施設と汚泥処理施設が接近している	両施設重心間距離
		運転員と水質員の意見交換が容易	監視室と水質試験室が接近している	(未確定情報)
		運転員が処理施設に近い(常時)	監視室(本館)と処理施設が接近している	両施設重心間距離
		運転員がポンプに近い(非常時の対応)	監視室(本館)とポンプ棟が接近している	両施設重心間距離
維持作業が少なくて済む	水の流れが良い	水路屈折箇所、もぐり箇所が少ない(スカム、堆積)		(水処理施設内同一)
		水路段差ち箇所が少ない(発泡)		(水処理施設内同一)
		水路長が短い(堆積)		(水処理施設内同一)
	汚泥の流れが良い	屈折、高低差が少ない(閉塞、エア抜き)		(未確定情報)
		圧送距離が短い(閉塞)		施設間圧送距離
	人の流れが良い	維持作業必要箇所が互いに近い(移動時間)	沈砂池、脱水機室が互いに近い	両施設重心間距離
		点検必要箇所が互いに近い(移動j時間)	ポンプ、ブロワー、ボイラー、脱水機が互いに近い	両施設重心間距離
	車輌の流れが良いこと(場内道路の確保)	搬出作業を行う施設に車輌が接近可能	沈砂池、脱水機室	(必要条件とする)
		搬入作業を行う施設に車輌が接近可能	沈砂池、脱水機室(薬剤)	(必要条件とする)
		修理作業を行う施設に車輌が接近可能(頻度少)	全ての処理施設	(必要条件とする)
		本館への外来車と搬出入作業車が別ルートである		(必要条件とする)
		積雪時の除雪ルートが少なくて済む		—
経済性に優れている	用地費が少ない	コンパクトな配置である		(用地は与条件とする)
	建設費が少ない	水路、管路(水、空気)、管廊が短い		管廊延長
		地質状況に適した施設配置となっている	構造物重量と支持地盤状況が整合している	(地盤状況変化なし)
		増設時の障害が少ない	増設施設が既存施設に囲まれない	既設囲み段数(max=4)
	維持管理費が少ない	維持作業員が少なくて済む		(重複)
		場内ポンプ(水、汚泥)揚程が短い	地形に従った水の流れである	ポンプ棟・初沈間距離
			水、汚泥の流れが良い	(重複)
		ブロワー室(空気)に反応タンクが近い		両施設間距離
	先行投資が少ない	一期計画買取用地面積が狭い		一期買収必要面積
周辺環境への影響が少ない	運転段階での影響が少ない	景観としての影響が少ない	民地側に敷地余裕を確保できる	民地側空地最短距離
		日照としての影響が少ない	民地側には高い構造物がない	民地側建物高さ
		騒音、振動による影響が少ない	振動・騒音源(ブロワー、自家発、換気ファン)が民地側にはない	民地側敷地境界距離
		臭気による影響が少ない	臭気源(沈砂池、初沈、エアタン、濃縮槽、脱水機室)が民地側から遠い	民地側敷地境界距離
			夏季の風向が臭気源から民地側へ、でない	
		発泡、細菌の飛散による影響が少ない	反応タンクが民地側から遠い	(簡易覆蓋設置で対応)
			夏季の風向が反応タンクから民地側へ、でない	(簡易覆蓋設置で対応)
	建設段階での影響が少ない	騒音、振動による影響が少ない	杭打必要施設が民地側から遠い	(全て杭打ち必要)
		砂塵による影響が少ない	民地側に敷地余裕を確保できる	民地側累計距離
場内作業環境が良好である	日照としての影響が少ない	本館の南がオープンスペースである(居室の日照)		本館南側面積
		脱水ケーキ、沈砂スクリーンかす搬出ホッパーは北側である(腐敗防止)		北=1、南=0、東西=0.5
	景観としての影響が少ない	本館まわりのオープンスペースが広い		本館周辺オープン辺数
	騒音、振動による影響が少ない	本館から騒音・振動源(ブロワー室、自家発室、ポンプ室)が離れている		施設間累計距離
	臭気による影響が少ない	本館から臭気源(沈砂池、初沈、エアタン、濃縮槽、脱水機室)が離れている		施設間累計距離
将来の計画変更に対する柔軟性があること	計画水量の増加に対する対応が可能である	空地がまとまっていること		空地周辺長
	計画目標水質の向上に対する対応が可能である			

( )項目は除外

設計 (Design)

しかし、これらの評価項目間には、トレードオフ関係が存在し、例えば、周辺環境への影響を少なくするべく民地側に敷地余裕を確保すると、残地がまとまって取れなくなり、将来の計画変更に対する柔軟性が低下する場合もある。したがって、後述する評価項目間のウエイト付けが必要になる。

9.3 対象地域における制約条件の整理

処理施設配置を行う予定地の、以下の項目に関する条件を明確にする。
① 敷地形状、面積、方位、勾配（標高）
② 隣接地の現状および将来用途（用途地域規制）
③ 季節別風向（特に周辺民家において自然換気を行う季節）
④ 下水道流入管の場内流入箇所、放流管の流出箇所
⑤ 地質調査結果（地下水位、支持地盤高さ）

一例を候補地の制約条件として、**図 9-2** に示す。以下の制約条件が存在している。
イ．東側は国道に接しており、車両進入は東からとなる。
ロ．西側には高圧鉄塔がある。
ハ．流入は東、流出は南から出て、西に向かう。
ニ．季節風は、夏季は南風、冬季は北風である。
ホ．場内残地および水処理上部は、住民に開放する予定である。

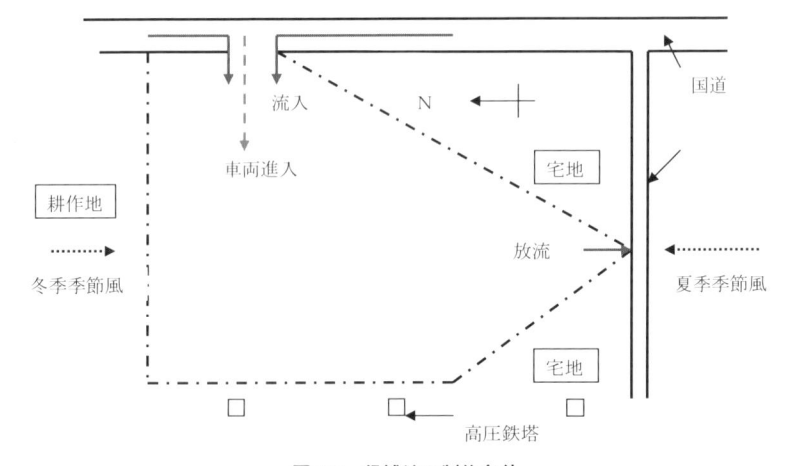

図 9-2 候補地の制約条件

9.4 配置検討案の作成

処理施設配置の検討は、必ずしもベストな配置が存在するわけではなく可能な限りベターな配置案を選択することである。したがって、複数の配置案を作成して比較検討することになる。複数の配置案の作成は、前述の制約条件を認識した上で、複数の関係者により作成する。複数の関係者が各々独立して作成することもあり得るが、複数の関係者が協力して適宜考え方を変えて作成することもあり得る。**図 9-3** に、作成した 4 案を示す。

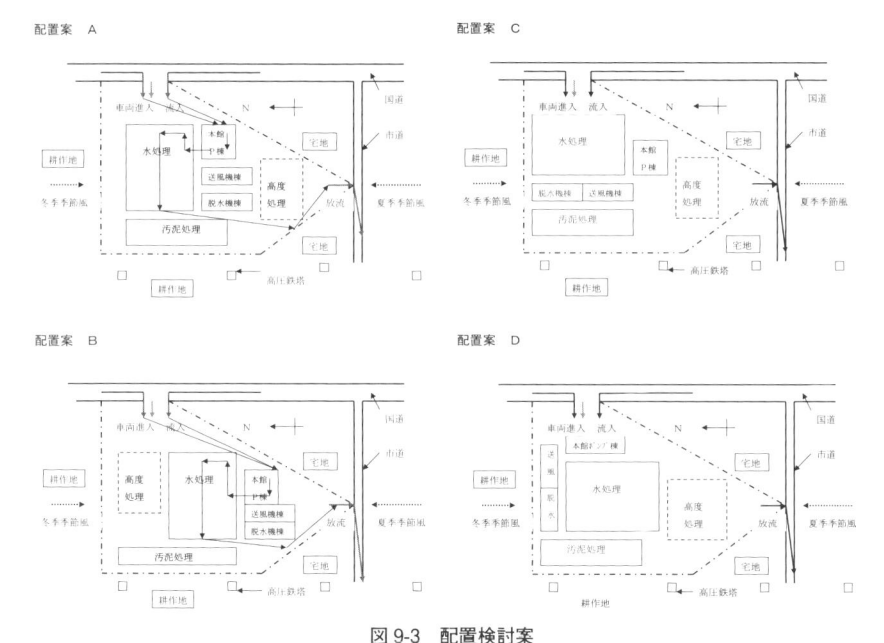

図 9-3 配置検討案

9.5 評価指標の確定

評価項目は必ずしも定量的評価が可能な項目にはなっていないため、客観性に問題が残っている。評価項目を定量的に表現する評価指標にブレークダウンする必要がある。評価指標は、以下の 2 点を満足させる必要がある。
① 評価指標が評価項目を正確に表現する性質のものであること
② 評価指標に関するデータが入手可能であること
本事例における評価指標を**表 9-1** 中に併せて記入した。（　）で記した評価

指標は、本事例においては記入した理由で除外した。

9.6 指標値から評価点への変換

指標値は、面積、距離、高さ、辺数などそれぞれ単位も規模も異なる。それらを同じ尺度で扱うために、複数案の間で各指標値を1～0に換算する。また、値が大きい方が良い指標値もあれば、値が小さい方が良い指標値もある。それに対しては変換段階で良い方が評価点が高くなるように統一する必要がある。

変換方法を、**図9-4**に示す。

[大きい方が良い指標]　　　　[小さい方が良い指標]

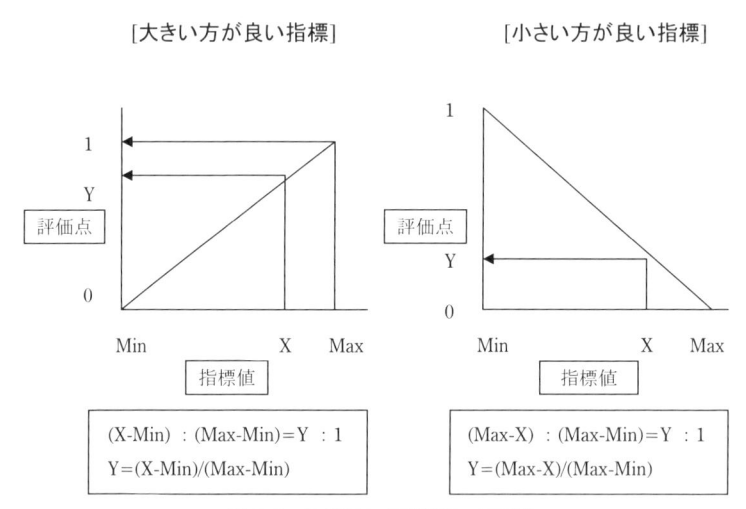

$(X-Min):(Max-Min)=Y:1$
$Y=(X-Min)/(Max-Min)$

$(Max-X):(Max-Min)=Y:1$
$Y=(Max-X)/(Max-Min)$

図9-4　指標値から評価点への変換

9.7 評価項目のウエイト付け

処理施設配置の最適概念は、9.2節で述べたように運転操作に支障がなく、維持作業が少なくて済み、経済性に優れ、周辺環境への影響が少なく、場内作業環境が良好で、将来の計画変更に対する柔軟性がある、ことであると明確になった。しかし、これらの評価項目間には、トレードオフ関係が存在すると同時に、計画対象地域によって制約条件が異なる。したがって、評価項目間のウエイト付けが必要になる。

評価項目間のウエイト付けこそ、各地方自治体の意志や計画対象地域の地域性を反映できる要素である。ウエイト付けの方法は、2ケースが考えられる。

(ケース1) 複数関係者によるデルファイ法
他人の意見を聞くと自分の意見はそれに接近すると言う心理学の理論である。
① 1回目の重み付け：各評価者独立して行う。
② 各人の重み付け結果を、理由を含めて各自が説明する。
③ 再度重み付けを行う。
これを繰り返すと収れんしてくる。

(ケース2) ウエイト付けを変化させたシミュレーション結果を提示
ウエイト付けを変化させて優劣順位がどの程度変化するか、または、変化させても変化しないかをシミュレーションして確認する。ウエイト付けにかかわらず上位の優劣順位が変化しなければ、主観は100％排除された状態の評価になる。ウエイト付けにより上位の順位が変化するならば、順位を入れ替える程のウエイト付けの変更が妥当か、評価者間で協議する。

9.8 得点集計

各案、各評価項目ごとの得点は、0～1の評価点にウエイトを乗じて算出できる。得点をすべての評価項目に関して集計して、得点集計を行う。以上の経過を、一例として**表 9-2**に示す。

ウエイト付けを変更して同じ計算を行った結果を、**図 9-5**に示す。

表 9-2 得点の集計と順位決定

評価概念	重み	評価指標	高評価順 大	高評価順 小	重み	指標値 A案	指標値 B案	指標値 C案	指標値 D案	MAX	MIN	評価点 A案	評価点 B案	評価点 C案	評価点 D案	得点 A案	得点 B案	得点 C案	得点 D案
運転操作に支障がない	170	両施設重心間距離		○	85	335	395	320	275	395	275	0.5	0	0.63	1	42.5	0	53.55	85
		両施設重心間距離		○	85	355	415	370	370	415	355	1	0	0.75	0.75	85	0	63.75	63.75
維持作業が少なくて済む	170	施設間圧送距離		○	56.667	480	405	350	485	485	350	0.04	0.59	1	0	2.267	33.43	56.67	0
		両施設間距離		○	56.667	90	120	150	120	150	90	1	0.5	0	0.5	56.67	28.33	0	28.33
		両施設重心間距離		○	56.667	460	550	490	460	550	460	1	0	0.67	1	56.67	0	37.97	56.67
経済性に優れている	170	管廊延長		○	34	895	885	880	800	895	800	0	0.11	0.16	1	0	3.74	5.44	34
		既設囲み辺数 (max=4)	○		34	1	1	2	2	2	1	0	0	1	1	0	0	34	34
		ポンプ・初圧間距離		○	34	75	125	15	125	125	15	0.45	0	1	0	15.3	0	34	34
		両施設間距離		○	40	20	80	90	45	90	20	0.14	0	0.64	1	40	5.6	0	25.6
		期買収必要面積		○	34	9	4	10	5	10	4	0.17	1	0	0.83	5.78	34	0	28.22
周辺環境への影響が少ない	170	民地側空地最短距離	○		34	25	20	20	25	25	20	1	0	0	1	34	0	0	34
		民地側建物高さ		○	34	3.5	6.5	7	7	7	3.5	1	0.14	0	0	34	28	0	0
		民地側敷地境界距離	○		34	250	210	300	210	300	210	0.44	0	1	0.17	14.96	0	34	5.78
		民地側敷地境界距離	○		34	730	560	720	780	780	560	0.77	0	0.73	1	26.18	0	24.82	34
		民地側累計距離	○		34	40	25	50	45	50	25	0.6	0	1	0.8	20.4	0	34	27.2
場内作業環境が良好である	170	本館南側面積	○		34	750	900	1000	4500	4500	750	0	0.04	0.07	1	0	8	2.38	34
		北=1,南=0,東西=0.5	○		34	2	1.5	2	1.5	2	1.5	1	0	1	0	34	0	34	0
		本館周辺オープン辺数	○		34	2	2	2	3	3	2	0	0	0	1	0	0	0	34
		施設間累計距離		○	34	90	80	110	140	140	80	0.17	1	0.5	0	5.78	34	17	0
		施設間累計距離		○	34	600	530	450	550	600	450	0	0.53	1	0.33	0	18	34	22.78
計画変更に対する柔軟性	150	空地周辺長	○		150	965	1000	915	940	1000	915	0.41	1	0	0.29	61.5	150	0	43.76
	1000				1006											603	281.1	547.6	687.8

評価点換算方法　最大値を1.0とする場合 y=(x-MIN)/(MAX-MIN)　最小値を1.0とする場合 y=(MAX-x)/(MAX-MIN)　第1位
高評価順　大：指標値が大の方が評価が高い　小：指標値が小の方が評価が高い

設計 (Design)

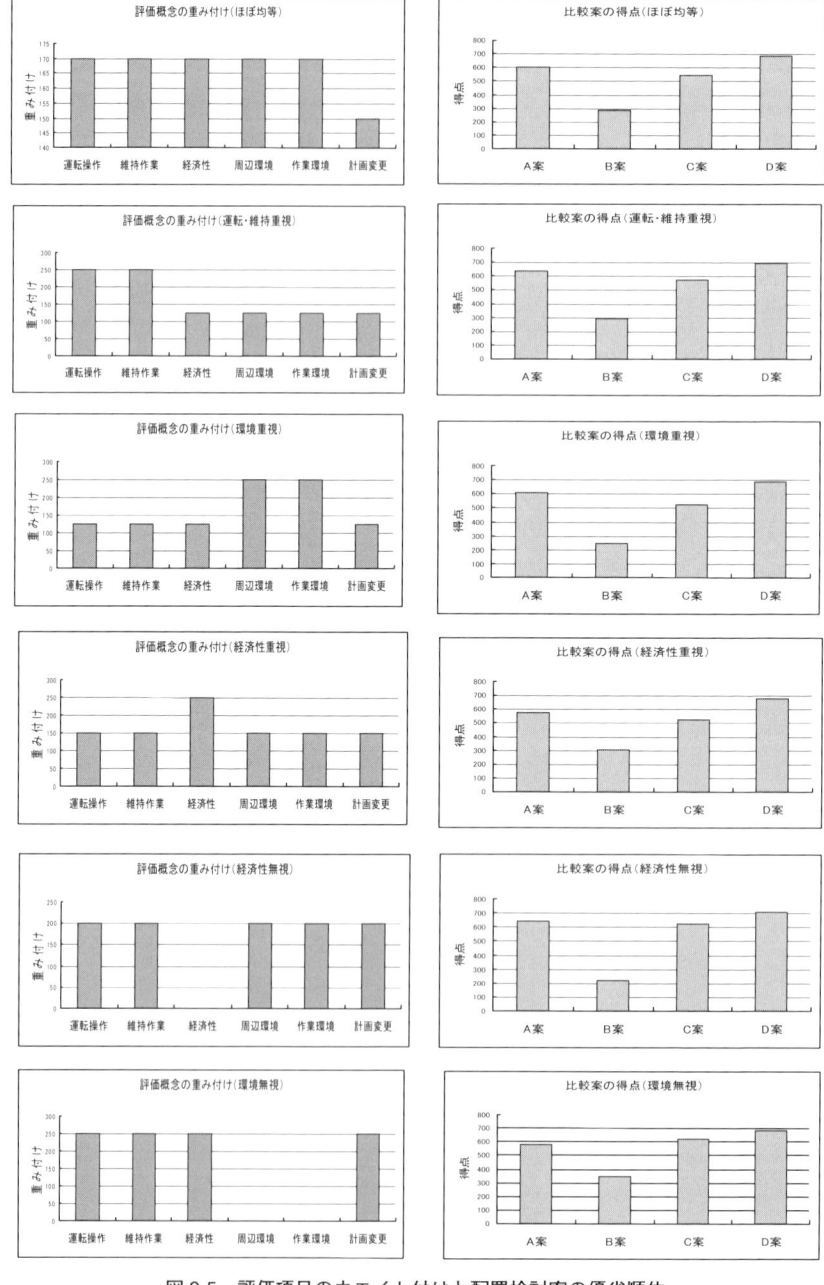

図9-5　評価項目のウエイト付けと配置検討案の優劣順位

Coffee Break−7

BOD あれこれ

　BODについては「Coffee Break−3」で説明しましたが、BODは水質成分の視点から溶解性と粒子性に分けることができます。そしてこれら双方の合計が、T（Total）-BODとなります。一般的に溶解性は孔径0.45～1μmのろ紙を通過した成分、一方、粒子性は通過しない成分としています。

　溶解性のBODは、SolubleやDissolvedの頭文字を用いて、S-BODあるいはD-BODと表され、溶解性BODあるいは溶存態BODと呼ばれます。

　粒子性のBODは、Particulateの頭文字を用いて、P-BODと表され、粒子性BODあるいは懸濁態BODと呼ばれます。また最近ではSS（Suspended Solid：浮遊物質）を頭文字に用いた、SS性BODという表現も散見されています。

　P-BODは直接試験することができませんので、通常、試料のBOD（T-BOD）から試料をろ過したもののBOD（S-BOD）を引くことで求めます。

　　P-BOD ＝ T-BOD － S-BOD

　「Coffee Break−3」では、試料の性状によっては硝化に要する酸素量が影響し、高いBOD値を示すことを述べました。このような視点からもT-BODは、本来の有機物の酸化に起因するC-BOD（炭素系のBOD）と硝化に起因するN-BOD（窒素系のBOD）に区分されます。その概念図は以下の通りです。

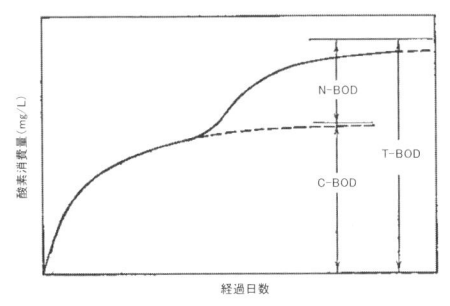

出典：「下水道施設計画・設計指針と解説　後編」－2009年版－、（社）日本下水道協会

BOD概念図

【参考文献】
「下水試験方法」上巻－1997年版－、（社）日本下水道協会
「下水道施設計画・設計指針と解説　後編」－2009年版－、（社）日本下水道協会

10 返流負荷量のデータがない場合の汚泥発生率の把握

汚泥処理施設の増設計画には、まず実績の汚泥発生率の把握が必要である。除去SS量の把握には返流負荷量を含む最初沈殿池流入負荷量の把握が必要であるが、十分なデータがない場合が多い。そして、間欠引き抜きの最初沈殿池汚泥濃度値の信頼性が低い場合も多い。その場合の汚泥発生率の把握方法について述べる。

ポイント

- 「処理場全体からの汚泥発生率」から「水処理からの汚泥発生率」を推定する。
- 固形物収支の成立を前提に年データ等の累積値を中心にして解析する。
- 水質データは日常試験値を通日試験値で補正して使用する。

検討フロー

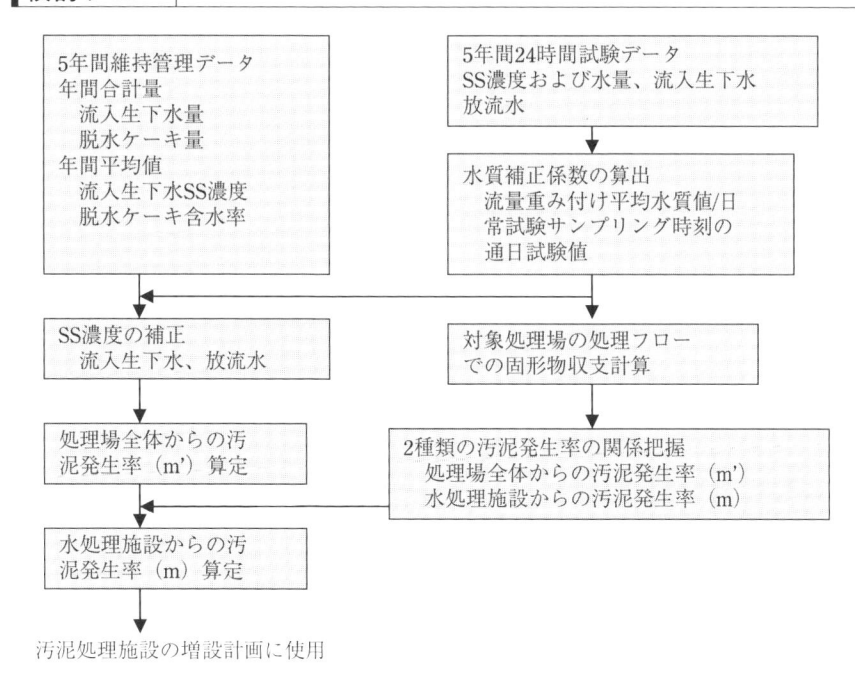

```
┌─────────────────────┐      ┌─────────────────────┐
│ 5年間維持管理データ │      │ 5年間24時間試験データ│
│  年間合計量         │      │  SS濃度および水量、 │
│    流入生下水量     │      │  流入生下水         │
│    脱水ケーキ量     │      │  放流水             │
│  年間平均値         │      └──────────┬──────────┘
│    流入生下水SS濃度 │                 │
│    脱水ケーキ含水率 │      ┌──────────▼──────────┐
└──────────┬──────────┘      │ 水質補正係数の算出  │
           │                 │  流量重み付け平均水 │
           │                 │  質値/日常試験サン  │
           │                 │  プリング時刻の通日 │
           │                 │  試験値             │
           │◄────────────────┴──────────┬──────────┘
           │                            │
┌──────────▼──────────┐                 │
│ SS濃度の補正        │      ┌──────────▼──────────┐
│  流入生下水、放流水 │      │ 対象処理場の処理フロー│
└──────────┬──────────┘      │ での固形物収支計算  │
           │                 └──────────┬──────────┘
┌──────────▼──────────┐                 │
│ 処理場全体からの汚  │      ┌──────────▼──────────┐
│ 泥発生率 (m') 算定  │      │ 2種類の汚泥発生率の関係把握│
└──────────┬──────────┘      │  処理場全体からの汚泥発生率(m')│
           │                 │  水処理施設からの汚泥発生率(m) │
┌──────────▼──────────┐      └─────────────────────┘
│ 水処理施設からの汚  │
│ 泥発生率 (m) 算定   │
└─────────────────────┘
```

汚泥処理施設の増設計画に使用

使用データ

汚泥量、流入水量等の年データ（複数年）

設 計 (Design)

10 Estimation of the sludge generation ratio without available data on the recycle load

The expansion plan for sludge treatment facilities requires, among other things, data of the actual sludge generation ratio. Though estimation of the removed SS amount requires data of the inflow load into the primary settling tank, including the recycle load, sufficient data is not available in many cases. The reliability of the data on concentration value of intermittently drained sludge from the primary settling tank is often low either. This chapter describes how to estimate the sludge generation ratio in the above cases.

Essential points

- The sludge generation ratio from water treatment process will be estimated from the sludge generation ratio of the whole plant.
- Analysis will be made mainly on the cumulative value of annual data while assuming as a prerequisite that the solid material balance has been established.
- For the water quality data, the daily test value will be used after correction with the current-day test value.

Study flow

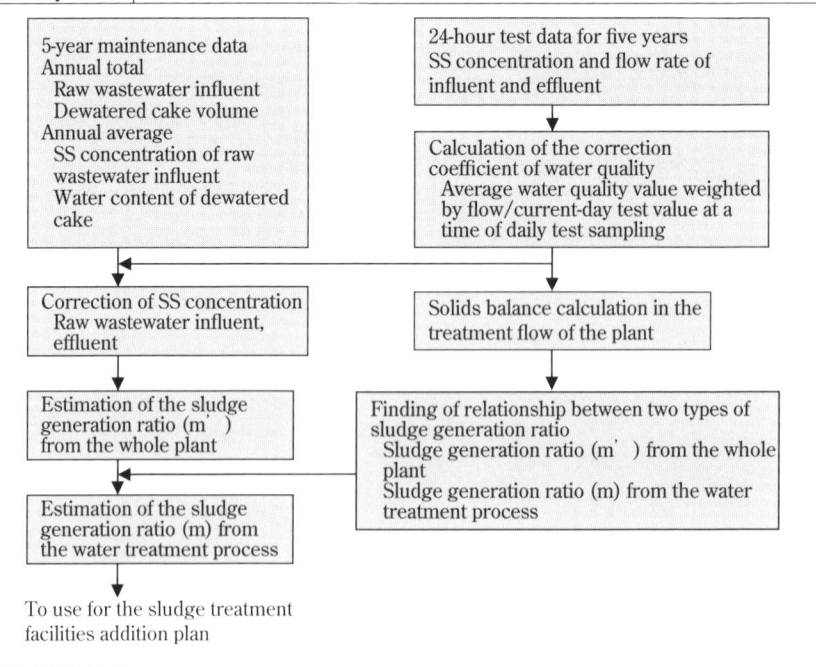

5-year maintenance data
Annual total
  Raw wastewater influent
  Dewatered cake volume
Annual average
  SS concentration of raw wastewater influent
  Water content of dewatered cake

24-hour test data for five years
SS concentration and flow rate of influent and effluent

↓

Calculation of the correction coefficient of water quality
  Average water quality value weighted by flow/current-day test value at a time of daily test sampling

↓

Correction of SS concentration
Raw wastewater influent, effluent

Solids balance calculation in the treatment flow of the plant

↓

Estimation of the sludge generation ratio (m') from the whole plant

Finding of relationship between two types of sludge generation ratio
  Sludge generation ratio (m') from the whole plant
  Sludge generation ratio (m) from the water treatment process

↓

Estimation of the sludge generation ratio (m) from the water treatment process

↓

To use for the sludge treatment facilities addition plan

Data used

Annual data on the sludge generation and influent (multiple years)

10.1 汚泥発生率の定義

汚泥処理施設の容量は、計画発生汚泥量を基礎に各汚泥処理施設から返送されて循環する固形物量を考慮した施設計画汚泥量および運転方法をもとに算定するのが一般的である（「日本下水道協会、計画設計指針と解説、p65」）。
汚泥発生率は式(10.1)で定義される。

$$SSL = Qp \cdot (Css,pin - Css,out) \cdot m \tag{10.1}$$

　　　SSL：計画発生汚泥固形物量（t/d）
　　　Qp：最初沈殿池流入水量（m^3/d）
　　　Css,pin：最初沈殿池流入 SS 濃度（mg/L）
　　　Css,out：放流水 SS 濃度（mg/L）
　　　m：除去 SS 量当たりの汚泥固形物量発生率（-）

式(10.1)で示しているのは水処理施設からの発生汚泥量であり、Qp、Css,pinの流入条件に、汚泥処理施設からの返流負荷の影響を考慮すると、施設計画汚泥量となる。しかし、返流負荷量の水質および水量に関する実績データは、流入生下水に関するデータほど計測されていないのが実態である。また、流入生下水の水量、水質は計測されていても、返流負荷が加わった最初沈殿池流入水の水量、水質は計測されていないことが多い。そして、その水質が計測されていても、ある時刻のスポットサンプルで汚泥処理施設の運転が24時間連続でない場合は、水量を乗じても負荷量（t/日）は算出できない。したがって、返流負荷量のデータがない場合の実績の汚泥発生率を把握する方法について検討する必要が生じる。本章では、以下の方法を提案する。

式(10.1)では水処理施設から引き抜く汚泥固形物量を対象として「水処理施設からの汚泥発生率」を直接的に把握しているが、「処理場全体からの汚泥発生率」を把握して間接的に「水処理施設からの汚泥発生率」を把握する。

汚泥処理後の脱水ケーキ固形物量を対象とした「処理場全体からの汚泥発生率」を把握することは、下記の理由から現実的である。

① 脱水ケーキ重量は、産廃処分費または後続の焼却、溶融プロセス能力に、直接、影響を及ぼす数値であり、処理場現場において所定の精度で把握されている。

② 脱水ケーキ含水率は、脱水用薬剤の注入率決定および後続の焼却、溶融プロセスへの投入条件として重要であり、処理場現場において所定の精度で把握されている。

③ 固形物収支を年オーダーで把握するならば、「水処理施設からの汚泥発生

率」と「処理場全体からの汚泥発生率」には線形関係が成立すると考えられる。この点に関しては、後で検証している。

④ 「水処理施設からの汚泥発生率」を直接把握するために必要な最初沈殿池汚泥および余剰汚泥は、間欠引抜きのため濃度変化が激しく、1サイクル中でも引抜き当初は高濃度で順次低濃度となるため、その濃度値を引抜き量に乗じて固形物量を算出する方法には誤差が避けられない。

上述した「処理場全体からの汚泥発生率」を m' と表現し、「水処理施設からの汚泥発生率」m との関係を、**図 10-1** に示す。

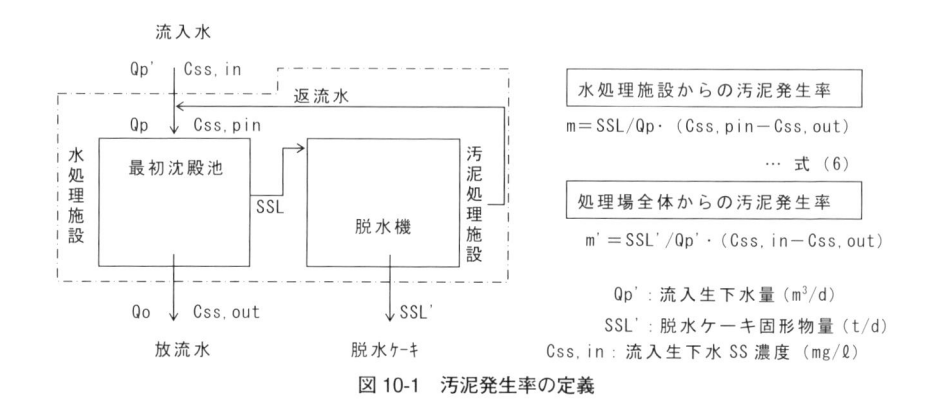

水処理施設からの汚泥発生率
$$m = SSL/Qp \cdot (Css, pin - Css, out) \quad \cdots 式 (6)$$

処理場全体からの汚泥発生率
$$m' = SSL'/Qp' \cdot (Css, in - Css, out)$$

Qp': 流入生下水量 (m³/d)
SSL': 脱水ケーキ固形物量 (t/d)
Css, in: 流入生下水 SS 濃度 (mg/ℓ)

図 10-1 汚泥発生率の定義

式 (10.1) において、SSL' および Qp' は毎日の累計値として得られているため、日換算値を得るのは容易である。一方、Css,in および Css,out は毎日計測されているとは限らない。また、日常試験においては一定時刻のスポットサンプルを分析対象とする場合が多いため、負荷量算出に用いる日平均水質としては不適切である。Css,in 関しては、日常試験の月平均値を、通日試験の流量重み付け平均水質値と日常試験サンプリング時刻の通日試験値の比で補正することが必要である。その補正方法の一例を、**図 10-2** に示す。時間変動している水量、水質値を乗じて負荷量変動値を作成し、水量累計値で除して流量重み付け平均水質値を算出する。それを、日常試験サンプリング時刻の通日試験水質値で除して、補正係数を算出する。

例の場合は補正係数は 0.82 となった。補正係数は、季節別に使い分けるなども意味がある。日常試験値はデータ個数の多さから利用価値が高いが、負荷量を把握するために使用する場合は、このような補正が必要である。日常試験値と通日試験値を併用して、目的に合った値の作成が可能である。

Css,outに関しては、絶対値自体が低いこと、通日試験結果における水質変動が小さいことから、補正は行わないことが多い。

消化プロセスを有する処理場の脱水ケーキ固形物量は、（1 − 消化による固形物減少率）で除した消化前の状態としての固形物量に換算して使用する。

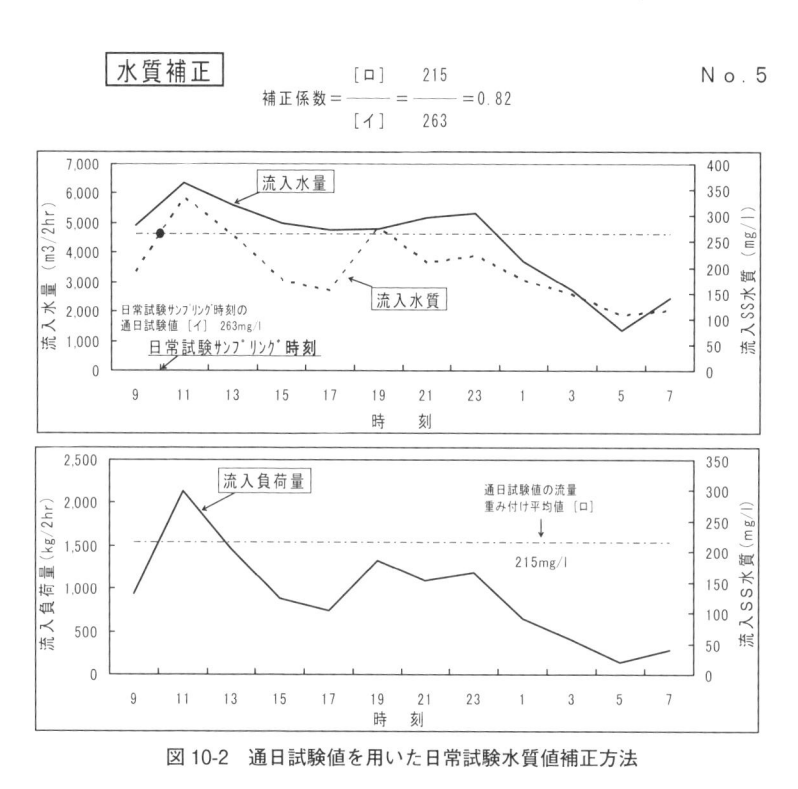

水質補正

補正係数 = [ロ] / [イ] = 215 / 263 = 0.82　　　　No. 5

図 10-2　通日試験値を用いた日常試験水質値補正方法

10.2　処理場全体からの汚泥発生率の算出

同一県内の 10 処理場データを用いて実績汚泥発生率（m'）を算出した例を表 10-1 に示す。一部の処理場では、入手データの制約から、1 年分または 4 年分となっている。汚泥発生率が 1.43 の C 処理場は観光地に立地しており、溶解性 BOD 濃度の高い流入水を処理している。0.55 の H 処理場は小規模処理場であり、長時間法にて処理が行われている。H 処理場以外は標準法にて処理が行われている。

表 10-1　処理場別、年度別の汚泥発生率

	A処理場				B処理場				C処理場				D処理場			
	①	②	③	④	①	②	③	④	①	②	③	④	①	②	③	④
1年目	1.94	2.47	0.000	1.27	0.22	0.24	0.000	1.09	0.03	0.05	0.000	1.67	3.51	1.94	0.454	1.01
2年目	3.82	3.67	0.000	0.96	0.35	0.30	0.000	0.86	0.05	0.06	0.000	1.20	3.92	2.58	0.454	1.21
3年目	3.23	3.72	0.000	1.15	0.44	0.38	0.000	0.86	0.07	0.10	0.000	1.43	4.96	2.63	0.454	0.97
4年目	3.70	4.50	0.000	1.22	0.43	0.44	0.000	1.02	0.07	0.10	0.000	1.43	4.56	2.43	0.454	0.98
5年目	2.97	4.74	0.000	1.60	0.35	0.69	0.000	1.97					4.73	2.87	0.454	1.11
	④の平均＝			1.24	④の平均＝			1.16	④の平均＝			1.43	④の平均＝			1.06

	E処理場				G処理場				H処理場				I処理場			
	①	②	③	④	①	②	③	④	①	②	③	④	①	②	③	④
1年目	1.40	0.73	0.472	0.99	9.21	8.56	0.447	1.68	0.88	0.40	0.000	0.45	2.88	3.13	0.000	1.09
2年目	0.94	0.72	0.472	1.45	8.10	7.36	0.447	1.64	0.81	0.41	0.000	0.51				
3年目	0.99	0.58	0.472	1.11	9.49	7.29	0.447	1.39	0.82	0.48	0.000	0.59				
4年目	1.09	0.69	0.472	1.20	9.87	6.74	0.447	1.23	0.84	0.47	0.000	0.56				
5年目	1.38	0.75	0.472	1.03	8.78	6.69	0.447	1.38	0.79	0.51	0.000	0.65				
	④の平均＝			1.16	④の平均＝			1.46	④の平均＝			0.55	④の平均＝			1.09

	J処理場				K処理場			
	①	②	③	④	①	②	③	④
1年目	1.39	1.84	0.000	1.32	8.20	3.30	0.686	1.28
2年目	2.78	1.68	0.000	0.60	8.30	4.31	0.673	1.59
3年目	3.62	3.26	0.000	0.90	8.30	3.99	0.558	1.09
4年目	4.18	3.36	0.000	0.80	10.10	4.53	0.526	0.95
5年目								
	④の平均＝			0.91	④の平均＝			1.23

①：除去SS負荷量（t/d）　②：脱水ケーキ固形物量（t/d）　③：消化による固形物減少率　④：汚泥発生率＝②／{①×(1−③)}　H処理場のみ長時間法、他は標準法

10.3 処理場全体からの汚泥発生率と水処理施設からの汚泥発生率の関係

「処理場全体からの汚泥発生率」m' と「水処理施設からの汚泥発生率」m の関係を把握するために、余剰汚泥量の算出に関係する a,b,c 係数の組合せを変化させた複数ケースの固形物収支計算を行い、m と m' を算出した。固形物収支計算に用いた処理フローを図 10-3 に示す。

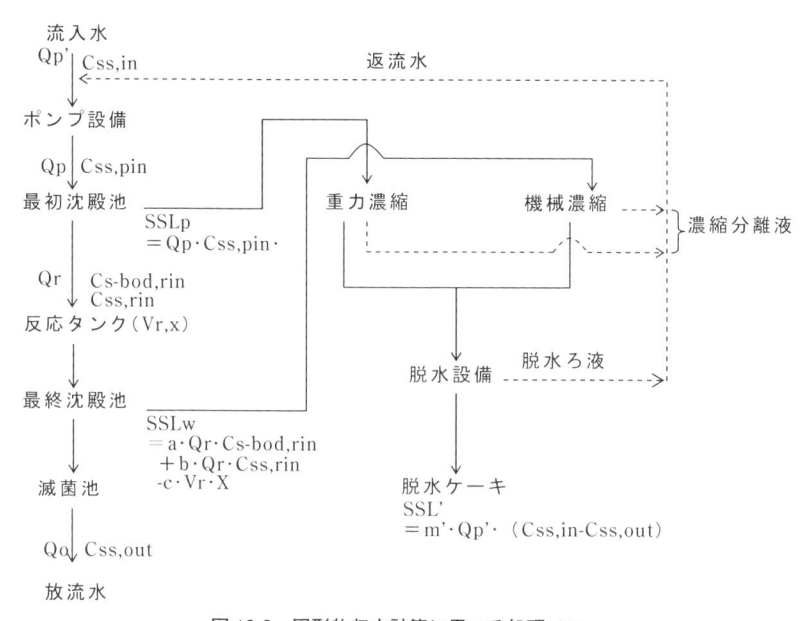

```
流入水
Qp' | Css,in                    返流水
  ↓  - - - - - - - - - - - - - - - - - - - - - - - - - -
ポンプ設備                                              |
  ↓                                                    |
Qp | Css,pin                                            |
最初沈殿池 ────┬──────┬──────┐                         |
  │        SSLp     重力濃縮   機械濃縮 - - - → 濃縮分離液
  │     = Qp・Css,pin・     └──────┘
Qr │ Cs-bod,rin
  │ Css,rin
反応タンク (Vr,x)
  ↓                        脱水設備 ──── 脱水ろ液 - - - →
最終沈殿池                    │
  │    SSLw                  ↓
  │  = a・Qr・Cs-bod,rin    脱水ケーキ
  │  + b・Qr・Css,rin       SSL'
  │  - c・Vr・X             = m'・Qp'・(Css,in-Css,out)
滅菌池
  ↓
Qo | Css,out
放流水
```

図 10-3　固形物収支計算に用いる処理フロー

図 10-3 中の各記号の定義は、以下の通りである。
SSL：計画発生汚泥固形物量（t/d）
SSLp：最初沈殿池汚泥固形物量（t/d）
SSLw：発生余剰汚泥固形物量（t/d）
SSLo：放流 SS 量（t/d）
Qp：最初沈殿池流入水量（m^3/d）
Qr：反応タンク流入水量（m^3/d）
Qo：放流水量（m^3/d）
Qw：余剰汚泥量（m^3/d）
Css,pin：最初沈殿池流入 SS 濃度（mg/L）

Cs-BOD,rin：反応タンク流入水の溶解性 BOD 濃度（mg/L）
Css,rin：反応タンク流入水の SS 濃度（mg/L）
Css,out：放流水 SS 濃度（mg/L）
Xw：余剰汚泥濃度（mg/L）
X：MLSS 濃度（mg/L）
k：最初沈殿池 SS 除去率（-）
Vr：反応タンクの容積（m^3）
a：溶解性 BOD に対する汚泥転換率（mgMLSS/mgBOD）
b：SS に対する汚泥転換率（mgMLSS/mgSS）
c：活性汚泥微生物の内生呼吸による減量を表す係数（1/d）

a、b、c 以外の設定条件を**表 10-2** に示す。a、b、c 係数の組合せと 2 種類の汚泥発生率の算出結果は、**表 10-3** に示す 27 ケースである。

表 10-2　入力条件表

項　目		単位	条件値
	日最大流入水量	m^3/日	100,000
流入水質	BOD	mg/L	200
	SS	mg/L	200
初沈除去率	BOD	%	40
	SS	%	50
放流水質	BOD	mg/L	15
	SS	mg/L	15
	最高値／平均値の比率	－	3.0
最初沈殿池	水面積負荷	m^3/m^2/日	50
最終沈殿池	水面積負荷	m^3/m^2/日	20
反応タンク	MLSS 濃度	mg/L	1500 ~ 2000
	反応タンク流入水の S-BOD 比率	%	67（2/3）
	S-BOD に対する汚泥転換率 (a)	－	0.4 ~ 0.6
	SS に対する汚泥転換率 (b)	－	0.9 ~ 1.0
	活性汚泥微生物の内生呼吸による減量係数 (c)	－	0.03 ~ 0.05
固形物回収率	重力濃縮タンク	%	85
	機械濃縮機	%	90
	ベルトプレス脱水機	%	90
返流水質（BOD）	重力濃縮分離液	mg/L	1,000
	機械濃縮　〃	mg/L	1,000
	脱水ろ液	mg/L	1,000
含水率	生汚泥	%	99
	余剰汚泥	%	99.2
	重力濃縮汚泥	%	96
	機械濃縮　〃	%	96
	脱水ケーキ（直脱）	%	75

表 10-3　a、b、c 係数と 2 種類の汚泥発生率

ケース No.	係数			汚泥発生率	
	a	b	c	(m)	(m')
1	0.4	0.9	0.03	0.992	0.995
2	0.4	0.9	0.04	0.962	0.970
3	0.4	0.9	0.05	0.932	0.946
4	0.4	0.95	0.03	1.029	1.017
5	0.4	0.95	0.04	0.993	0.987
6	0.4	0.95	0.05	0.955	0.964
7	0.4	1	0.03	1.058	1.045
8	0.4	1	0.04	1.020	1.016
9	0.4	1	0.05	0.986	0.989
10	0.5	0.9	0.03	1.036	1.028
11	0.5	0.9	0.04	1.003	1.002
12	0.5	0.9	0.05	0.969	0.975
13	0.5	0.95	0.03	1.065	1.050
14	0.5	0.95	0.04	1.024	1.019
15	0.5	0.95	0.05	0.987	0.990
16	0.5	1	0.03	1.097	1.075
17	0.5	1	0.04	1.060	1.047
18	0.5	1	0.05	1.025	1.019
19	0.6	0.9	0.03	1.080	1.062
20	0.6	0.9	0.04	1.038	1.030
21	0.6	0.9	0.05	1.008	1.006
22	0.6	0.95	0.03	1.109	1.084
23	0.6	0.95	0.04	1.064	1.050
24	0.6	0.95	0.05	1.027	1.021
25	0.6	1	0.03	1.140	1.107
26	0.6	1	0.04	1.098	1.075
27	0.6	1	0.05	1.062	1.048

　27 ケースの固形物収支計算の結果より算出した m' と m の関係を図 10-4 に示す。汚泥発生率 m' と汚泥発生率 m の間には、線形関係が認められる。したがって、実績データの入手が所定の精度で可能な m' により汚泥発生率を把握しておけば、m の推定も可能であると言える。m' が 1.0 の場合 m も 1.0 である。m' が 1.1 の場合 m は 1.125 程度である。

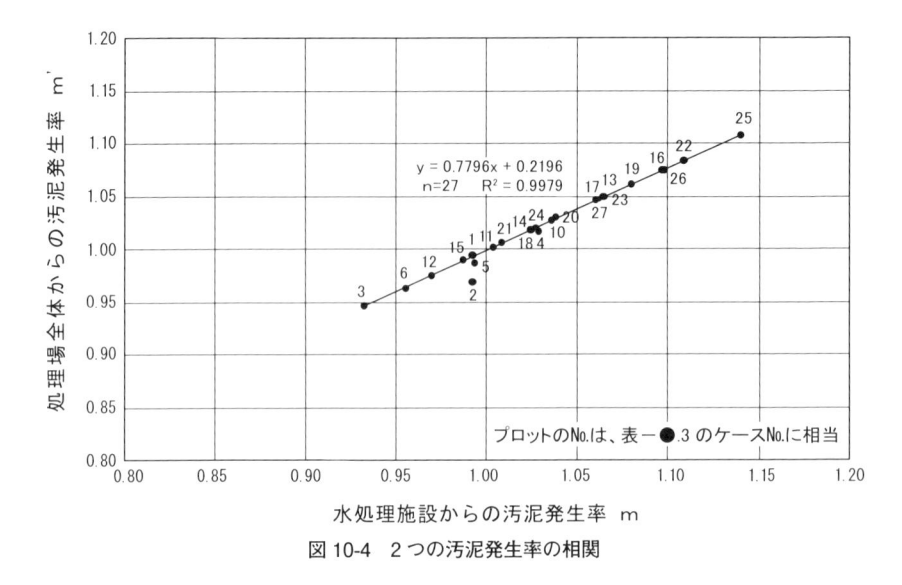

図 10-4 2つの汚泥発生率の相関

　m' と m の関係は処理フロー、**表 10-2** の条件表ごとに異なる。したがって、解析対象とする処理場ごとに設定する必要がある。**図 10-4** は、ひとつのモデルケースの結果である。

　以上では、返流負荷量のデータがない場合の「水処理施設からの汚泥発生率」の把握方法を事例に基づいて示した。

参考文献 （本章は、下記の既発表論文を編集したものである）
1) 白潟良一、裴　尹洙、角田 太、西村 孝：既設処理場の運転管理データを用いた施設計画汚泥量の設定方法に関する一考察、下水道協会誌論文集、Vol.42、No.514、pp.165 〜 181、2005 年 8 月

11 汚泥発生率の将来予測

汚泥処理施設の増設計画には、実績の汚泥発生率を踏まえた将来の汚泥発生率予測が必要である。実績の汚泥発生率は実績の流入条件、反応条件等に基づいた結果であり、将来（全体計画時）の流入条件や反応条件を考慮した場合の汚泥発生率を予測して、将来の増設計画に使用することが必要である。

ポイント

- 汚泥発生率に影響を及ぼすと考えられる流入条件、反応条件を選択する。
- 流入条件、反応条件等が異なる複数処理場で汚泥発生率との関係を確認。
- 増設計画対象の処理場の複数年データで汚泥発生率との関係式を作成。

検討フロー

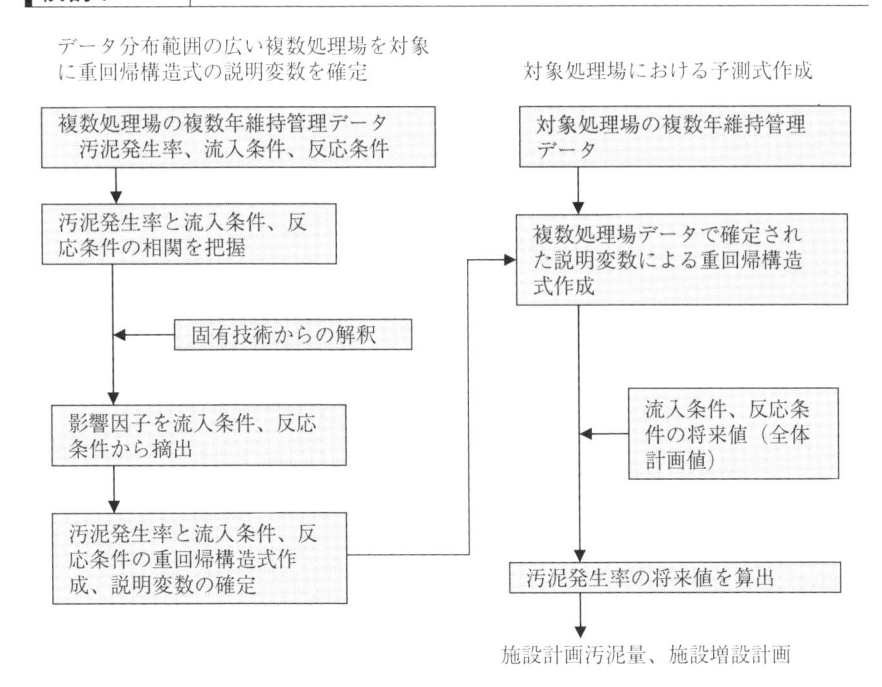

データ分布範囲の広い複数処理場を対象に重回帰構造式の説明変数を確定

- 複数処理場の複数年維持管理データ　汚泥発生率、流入条件、反応条件
- 汚泥発生率と流入条件、反応条件の相関を把握
  - 固有技術からの解釈
- 影響因子を流入条件、反応条件から摘出
- 汚泥発生率と流入条件、反応条件の重回帰構造式作成、説明変数の確定

対象処理場における予測式作成

- 対象処理場の複数年維持管理データ
- 複数処理場データで確定された説明変数による重回帰構造式作成
  - 流入条件、反応条件の将来値（全体計画値）
- 汚泥発生率の将来値を算出
- 施設計画汚泥量、施設増設計画

使用データ

複数処理場の複数年維持管理データ

設計 (Design)

11 Prediction of sludge generation ratio in the future

To prepare expansion plan of the sludge treatment facilities, prediction of the sludge generation ratio is required based on the recorded sludge generation ratio. The recorded sludge generation ratio is the results of actual influent and reaction conditions. It is essential to predict the sludge generation ratio for use in the future expansion plan by taking into account the influent and reaction conditions in the future (at a time of overall planning)..

Essential points

- Influent and reaction conditions that are likely to affect the sludge generation ratio will be selected.
- For multiple treatment plants differing in influent and reaction conditions, verification will be made on their relationship with the sludge generation ratio.
- Based on the data over multiple years of the objective treatment plant, their relational expression with sludge generation ratio will be prepared.

Study flow

Determination of the explanatory variable of multiple regression equation for multiple treatment plants with wide range of data distribution

Preparation of the prediction equation for the objective plant

Maintenance data over multiple years for multiple treatment plants
Sludge generation ratio, influent conditions, reaction conditions

Maintenance data over multiple years for the objective treatment plant

↓

Estimation of the correlation between the sludge generation ratio and the influent and reaction conditions

Preparation of multiple regression structural equation using explanatory variables established by data from multiple plants

Interpretation from particular technology

↓

Extraction of influence factors from influent and reaction conditions

Future values of influent and reaction conditions (overall design value)

↓

Preparation of multiple regression structural equation between the sludge generation ratio and the influent and reaction conditions, determination of explanatory variables

Estimation of the future sludge generation ratio

↓

Design sludge amount, facilities expansion plan

Data used

Maintenance data over multiple years for multiple treatment plants

11.1 汚泥発生率の影響要因の摘出

汚泥発生率に影響を与える要因が把握できて、その要因による構造式が作成できれば、影響要因が変化した場合の汚泥発生率を予測できる。なお、ここで述べる汚泥発生率は、以下の定義式により算出される処理場全体を対象にした値である。

$m' = SSL'/Qp' \cdot (C_{ss,in} - C_{ss,out})$

m'：汚泥発生率（-）
Qp'：流入生下水量（m^3/d）
SSL'：脱水ケーキ固形物量（t/d）
$C_{ss,in}$：流入生下水 SS 濃度（mg/L）
$C_{ss,out}$：放流水 SS 濃度（mg/L）

汚泥発生率（m'）に影響を及ぼすと考えられる流入条件、反応条件の選択に関して以下に述べる。流入条件が流入 BOD/SS 濃度比の 1 要因、反応条件が BOD-SS 負荷、水温の 2 要因である。各要因を取り上げる意義は、次の通りである。

［流入 BOD/SS 濃度比］：余剰汚泥の中には溶解性 BOD からの転換固形物も含まれている。この現象は、観光地下水道におけるアルコール起因の溶解性 BOD、人工下水を用いた実験におけるメタノール等からも、余剰汚泥が生成されることである。発生汚泥固形物量ではなく、汚泥発生率への影響要因であるため、流入溶解性 BOD 濃度または流入 BOD 濃度ではなく、流入 BOD/SS 濃度比とする。流入溶解性 BOD/SS 濃度比ではなく、流入 BOD/SS 濃度比とするのは、現実に処理場現場で計測されている水質項目の制約による。処理区域の拡張による流入水質の変化が生じないならば、年平均値を用いる等により、流入溶解性 BOD/SS 濃度比と、流入 BOD/SS 濃度比は、一定の関係があると見なすことができる。

［反応タンク BOD-SS 負荷］：BOD-SS 負荷が低い低負荷型の活性汚泥法においては、活性汚泥微生物の内生呼吸による減量化効果が大きく、高負荷型の活性汚泥法よりも汚泥発生率は低い。「設計指針」では、除去 SS 量当たり汚泥発生率を標準活性汚泥法で 100％、オキシデーションディッチ法で 75％ としている。

［反応タンク水温］：生物反応において、水温の上昇は反応速度の上昇、反応の促進がもたらされる。例えば、温度係数を 1.02 と仮定すると、10℃ と 20℃ のときの反応速度定数は $1.02^{20-10} = 1.22$ 倍に達する。また、水の粘性は水温の上昇と共に沈殿池における固液分離に影響が及ぶ。

汚泥発生率が、取り上げようとする流入条件および反応条件の影響を受けてい

設計 (Design)

て、それらにより予測可能であることを確認するために、流入条件、反応条件等が異なる複数処理場で汚泥発生率との関係を確認する。

対象とした 10 処理場に関して、取り扱ったデータ期間における、流入 BOD/SS 濃度比、反応タンク BOD-SS 負荷、反応タンク水温の平均値を**図 11-1**、**図 11-2** に示す。**図 11-1** によると、BOD-SS 負荷が比較的高くて流入 BOD/SS 濃度比が低いグループと、BOD-SS 負荷が比較的低いグループに分かれている。**図 11-2** によると、水温は最高最低で 5℃の差がある。

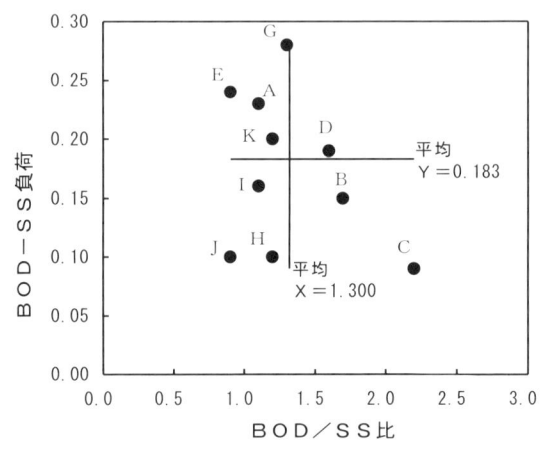

図 11-1 10 処理場における BOD/SS 濃度比と BOD-SS 負荷

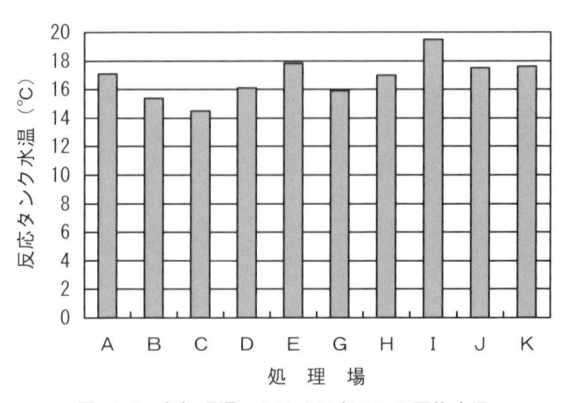

図 11-2 各処理場における反応タンク平均水温

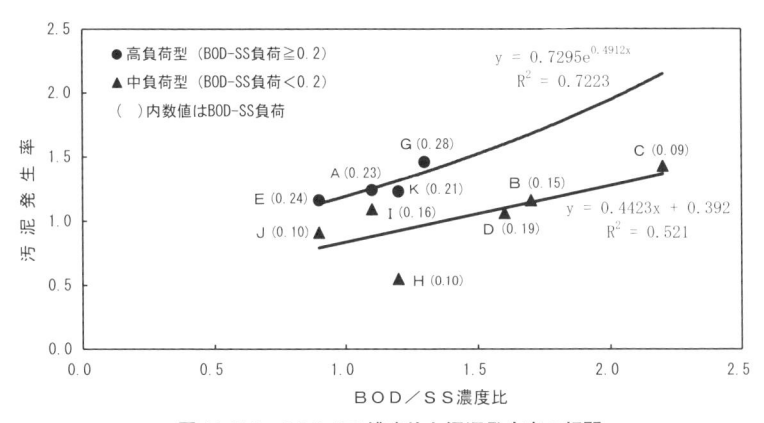

11 汚泥発生率の将来予測 *159*

図 11-3(1)　BOD/SS 濃度比と汚泥発生率の相関

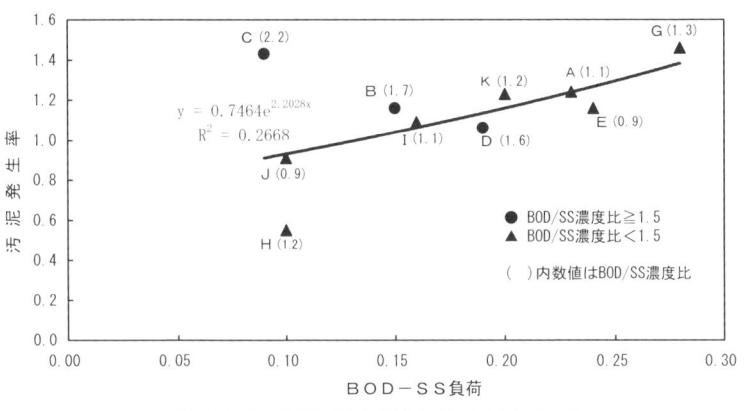

図 11-3(2)　BOD-SS 負荷と汚泥発生率の相関

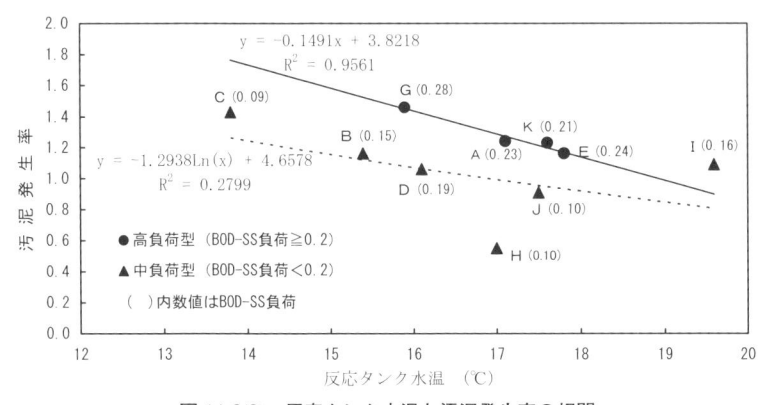

図 11-3(3)　反応タンク水温と汚泥発生率の相関

設計 (Design)

汚泥発生率と3要因の関係を、**図 11-3** に示すが、以下の傾向が分かる。
① 流入水 BOD/SS 濃度比が上昇すると汚泥発生率が上昇する傾向が認められる。BOD-SS 負荷が 0.2 以上のグループと 0.2 以下のグループに分かれて、それぞれ同様の傾向が認められる。
② BOD-SS 負荷が上昇すると汚泥発生率が上昇する傾向が認められる。流入水 BOD/SS 濃度比が 2.2 である C 処理場のみが、他処理場と異なる状況を示すが、それ以外は、流入水 BOD/SS 濃度比の値によらず、同一の傾向が認められる。C 処理場は観光地に位置している。
③ 反応タンク水温が上昇すると汚泥発生率が低下する傾向が認められる。流入水 BOD/SS 濃度比との関係と同様、A,E,G,K の高負荷型 4 処理場と、残り 6 処理場の 2 グループに分かれている。

汚泥発生率、流入水 BOD/SS 濃度比、BOD-SS 負荷、反応タンク水温の間の単相関係数を、**図 11-4** に示す。汚泥発生率と BOD-SS 負荷、流入水 BOD/SS 濃度比は、共に正の相関、反応タンク水温は負の相関であり、**図 11-3** の傾向が確認できる。流入水 BOD/SS 濃度比と反応タンク水温は、強い負の相関を示している。

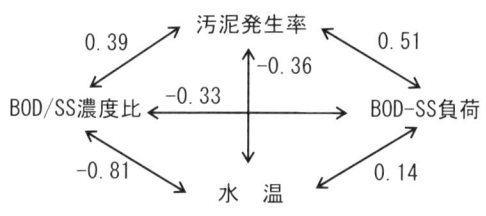

図 11-4　各指標間の単相関係数

11.2　10 処理場データによる汚泥発生率の重回帰構造式

汚泥発生率を目的変数とし、流入水 BOD/SS 濃度比、BOD-SS 負荷、反応タンク水温を説明変数とする、重回帰構造式を作成する。使用するデータは,10 処理場ごとの 1～5 年間平均値のケースと、各年平均値のケースの 2 ケースとする。前者のデータを、**表 11-1** に示す。

表 11-1 処理場別の汚泥発生率、BOD/SS 濃度比、BOD-SS 負荷、水温（1〜5年間平均値）

処理場	汚泥発生率 Y（実績値）	BOD/SS 濃度比 X1	BOD-SS 負荷 X2	水温（℃）X3
A	1.24	1.1	0.23	17.1
B	1.16	1.7	0.15	15.4
C	1.43	2.2	0.09	14.5
D	1.06	1.6	0.19	16.1
E	1.16	0.9	0.24	17.8
G	1.46	1.3	0.28	15.9
H	0.55	1.2	0.10	17.0
I	1.09	1.1	0.16	19.6
J	0.91	0.9	0.10	17.5
K	1.23	1.2	0.20	17.6
平均	1.13	1.3	0.17	16.9
標準偏差	0.25	0.38	0.06	1.36
変動係数	0.22	0.30	0.36	0.08

表 11-2 に、重回帰分析の算定結果を示す。得られた結果は、次の通りである。

① R は重相関係数であり、汚泥発生率の実績値と回帰推定値の相関係数である。R^2 は決定係数（寄与率）であり、実績値の汚泥発生率の全変動（平方和）の中で回帰によって説明される変動の割合＝寄与率である。1〜5年間平均値データの場合、R^2 は、0.6 と高いが、各年平均値データの場合 0.3 と低い。これは、同一処理場の年度間の流入および運転条件の差異よりも、処理場間の流入および運転条件の差異の方が、汚泥発生率に影響を与えており、説明に役立つとの意味である。流入水 BOD/SS 濃度比および BOD-SS 負荷は、同一処理場では年度ごとに変化したり、変更したりすることは少ない。各処理場間での差異の方が汚泥発生率の差異に対応しているとの結果は妥当である。**図 11-5** に、1〜5年間平均値データの重回帰構造式による回帰推定値と実績値の相関図を示す。推定値＝（0.95〜1.05）×実績値の範囲に収まるのは 10 カ所中半数の 5 カ所である。H、J、C 処理場は BOD-SS 負荷が 0.1 以下の低負荷処理場である。特異な条件下での汚泥発生率の説明には、ここで取り上げた構造式が限界であることを示している。

② 補正 R^2 は、自由度調整済の決定係数である。回帰によって説明される変動の割合は、説明変数を増加させることにより必ず増加し、説明変数の数 P が n − 1（n はデータ数）になると、重相関係数 R は 1 になる。したがって、

n − P の値が小さい場合は、見掛け上、R が大きくなっていることがあり、無意味な説明変数を使っていることもあることに注意する必要がある。その対策として、回帰の寄与率 R^2 を回帰による平方和と全体の平方和の比としてではなく、それらを自由度で除した平方和の比として定義したのが、補正 R^2 である。補正 R^2 が説明変数の増加につれて大きくなる限りは有用な変数が取り込まれたことになり、増加が止まるならば無用な変数が取り込まれたことになる。**表 11-2** によると、反応タンク水温を加えることは意味がないとの結果になっている。流入水 BOD/SS 濃度比と反応タンク水温は強い負の相関があるため、反応タンク水温の変動による汚泥発生率への影響は、既に、流入水 BOD/SS 濃度比の変動による影響で説明できているとの意味である。

③ 1～5年間平均値データ、2要因の場合の偏回帰係数は、BOD-SS 負荷が 2.90 であるのに対して、流入水 BOD/SS 濃度比は 0.41 と、約 1/7 である。一方、**表 11-1** に示した通り、データ自体の平均値は、BOD-SS 負荷が 0.17 であるのに対して、流入水 BOD/SS 濃度比は 1.3 と約 7 倍である。

以上のことから、取り扱ったデータに関しては、BOD-SS 負荷と流入水 BOD/SS 濃度比は、汚泥発生率に対して同程度の影響を及ぼしていることになる。

表 11-2　汚泥発生率の重回帰構造式

1～5年間 平均値 データ	2要因	Y = 0.41・（BOD/SS 比）＋ 2.90・（BOD-SS 負荷）＋ 0.08 　　R^2 = 0.6189　　　　補正 R^2 = 0.5101
	3要因	Y = 0.50・（BOD/SS 比）＋ 3.01・（BOD-SS 負荷）＋ 0.03・（水温）− 0.57 　　R^2 = 0.6280　　　　補正 R^2 = 0.4421
各年 平均値 データ	2要因	Y = 0.43・（BOD/SS 比）＋ 1.76・（BOD-SS 負荷）＋ 0.24 　　R^2 = 0.2653　　　　補正 R^2 = 0.2285
	3要因	Y = 0.56・（BOD/SS 比）＋ 1.77・（BOD-SS 負荷）＋ 0.04・（水温）− 0.65 　　R^2 = 0.2769　　　　補正 R^2 = 0.2213

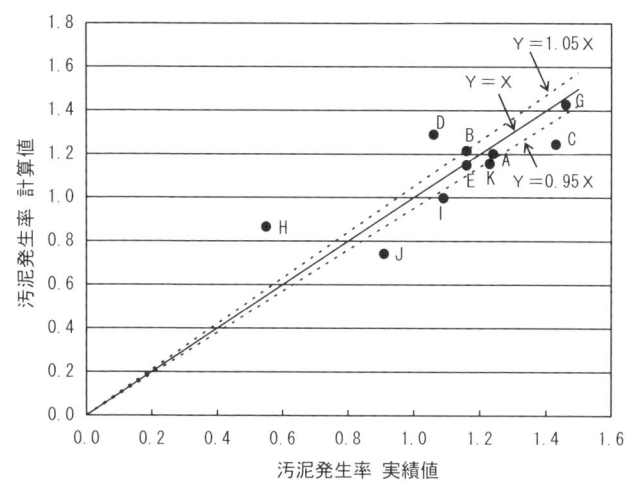

図 11-5 汚泥発生率の重回帰構造式による回帰推定値と実績値の相関

　表 11-2 には、加法モデルによる重回帰分析の結果を示したが、乗法モデルによる重回帰分析も試みた。乗法モデルによる重回帰分析では、補正 R^2 が低く、有意な結果は得られなかった。

11.3　1 処理場データによる汚泥発生率の重回帰構造式

　表 11-2 の重回帰構造式は、取り扱った 10 処理場における構造式である。汚泥発生率を把握するための同様のアプローチは、個別処理場においても適用可能であり、各処理場ごとに、汚泥発生率の構造式を作成しておき、それを計画・設計に用いることが可能である。
　前述の 10 処理場中の 1 カ所である C 処理場に関する 10 年間の年データを用い同様の解析を行った結果を、**表 11-3**、**図 11-6～図 11-8** に示す。

表 11-3 C処理場の汚泥発生率、BOD/SS濃度比、BOD-SS負荷

処理場	汚泥発生率 Y（実績値）	BOD/SS 濃度比 X1	BOD-SS 負荷 X2
H5 年度	1.23	1.74	0.099
H6 年度	1.36	1.84	0.163
H7 年度	1.43	2.00	0.091
H8 年度	1.38	2.00	0.186
H9 年度	1.30	2.07	0.136
H10 年度	1.18	1.90	0.171
H11 年度	1.05	1.63	0.173
H12 年度	1.45	2.01	0.161
H13 年度	1.62	2.36	0.236
H14 年度	1.37	2.06	0.229
平均	1.34	1.96	0.16
標準偏差	0.15	0.19	0.05
変動係数	0.11	0.10	0.28

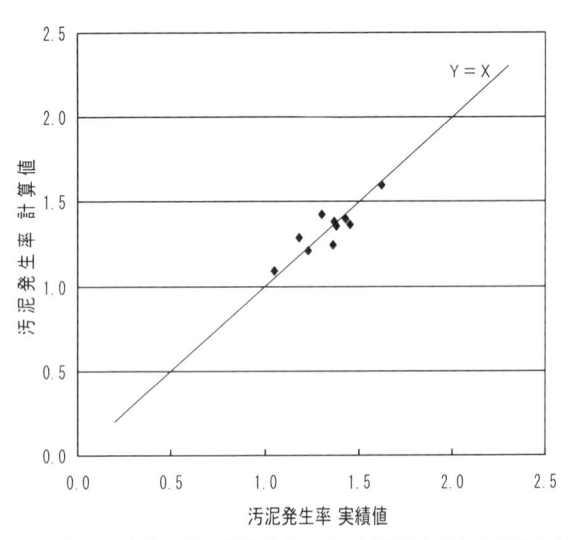

図 11-6 汚泥発生率の重回帰構造式による回帰推定値と実績値の相関

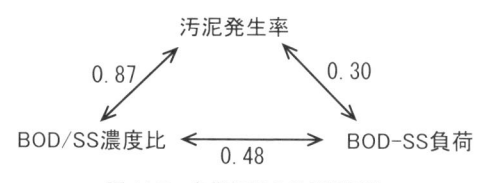

図 11-7　各指標間の単相関係数

　C 処理場は観光地に位置しており、流入水の溶解性 BOD が高いため、汚泥発生率は 10 年間平均で 1.34 倍と高い値を示している。同一処理場に関する年平均値データであるため、水温は各年ほぼ一定であり、影響要因としては考慮しなかった。得られた重回帰構造式を下記に示す。

汚泥発生率 = 0.74・（BOD/SS 濃度比）
　　　　　－ 0.48・（BOD-SS 負荷）－ 0.03
　　　　　（R^2 = 0.7719，補正 R^2 = 0.7067）

偏回帰係数は、BOD/SS 濃度比が BOD-SS 負荷の 1.5 倍になっている。また、データ自体の平均値は**表 11-3** に示した通り、BOD/SS 濃度比は、BOD-SS 負荷の 12 倍である。したがって、C 処理場においては、BOD/SS 濃度比でもって汚泥発生率への影響は大部分説明できることになる。BOD-SS 負荷の偏回帰係数が負となっているのは、BOD-SS 負荷と BOD/SS 濃度比の間に正の相関があるため、BOD-SS 負荷の汚泥発生率に及ぼす影響は既に BOD/SS 濃度比で説明されている

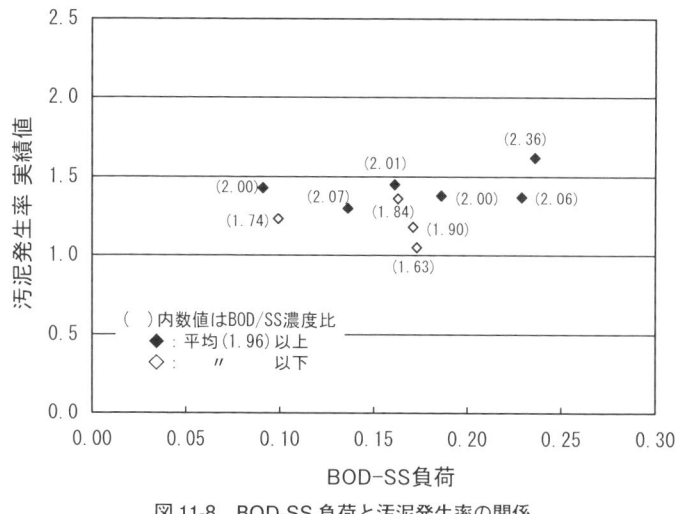

図 11-8　BOD-SS 負荷と汚泥発生率の関係

が、BOD/SS 濃度比が一定の条件下では、負の相関があるとの意味である。図 **11-8** により、ある程度、その状況が分かる。

　以上、実績の汚泥発生率に基づく将来の汚泥発生率の把握方法を事例に基づいて示した。

参考文献　（本章は、下記の既発表論文を編集したものである）
1) 白潟良一、裏　尹洙、角田 太、西村 孝：既設処理場の運転管理データを用いた施設計画汚泥量の設定方法に関する一考察、下水道協会誌論文集、Vol.42、No.514、pp.165〜181、2005 年 8 月

Coffee Break−8

大腸菌と大腸菌群

　下水道は伝染病の予防という医学的観点にも貢献するため、下水中の病原性細菌やウイルスを除去する目的で消毒を行います。効果の指標としては大腸菌群数が用いられ、放流水中のその数は3,000個/mL以下となるように定められています。

　大腸菌群とは、大腸菌とこれによく似た性質を持つ細菌の総称です。大腸菌は通常人畜の腸管内に生息しているので、この菌が水中に存在すれば消化器からの排せつ物によってその水が汚染されていることを意味し、これは消化器系統の病原性細菌によっても汚染されている疑いがあることを示しています。

　つまり、ある水試料について大腸菌群数試験を行い大腸菌群が検出された場合には、病原性細菌に汚染されているという可能性はありますが、必ずしも病原性細菌が存在しているとは限らないことです。逆に大腸菌群が検出されなかった場合は、病原性細菌が存在する恐れがないということになります。

　水道水質基準では、以前は大腸菌群を基準項目としていましたが、これには上述のように大腸菌以外の細菌類が含まれており、排せつ物による汚染（糞便性汚染）を示す指標としては大腸菌群よりも大腸菌の方が優れていることから、現在は大腸菌が基準項目となっています。

　下水道での消毒方法は、塩素剤による消毒が最も一般的です。これは塩素剤による消毒が、消毒効果が高く長時間持続すること、大量の水が処理可能でありかつ制御しやすいこと、水中での濃度測定が簡単であること、価格が安いことなどの理由によりますが、放流水の残留塩素の濃度レベルによっては、放流先水域の生物に影響を与える恐れがあります。このため放流先水域の生態系への影響を極力小さくしたい場合は、オゾン消毒や紫外線消毒が用いられます。

【参考文献】
合田健、山本剛夫、中西弘、津郷勇、西田薫　著、わかり易い土木講座　15 土木学会編集「衛生工学」、（株）彰国社

設　計　(Design)

12 低負荷運転処理施設における処理能力の検討

増設設計は既存施設に能力相当の負荷が流入する前に着手する。したがって、既存施設の能力評価を行って増設設計に反映する必要がある場合、既存データの解析では目的を果たさない。実施設に能力相当の負荷を流入させて処理成績を確認することも不可能である。しかし、実施設における調査地点の工夫、一部の簡易実験等により確認することが可能である。

ポイント

- 反応タンクにおける能力相当の処理成績は、サンプリング地点の工夫で可能となる。
- 終沈における能力相当の固液分離機能は、SS-BOD と S-BOD に分けると可能となる。
- 低負荷と能力相当負荷のデータを用いると処理水質予測が可能になる。

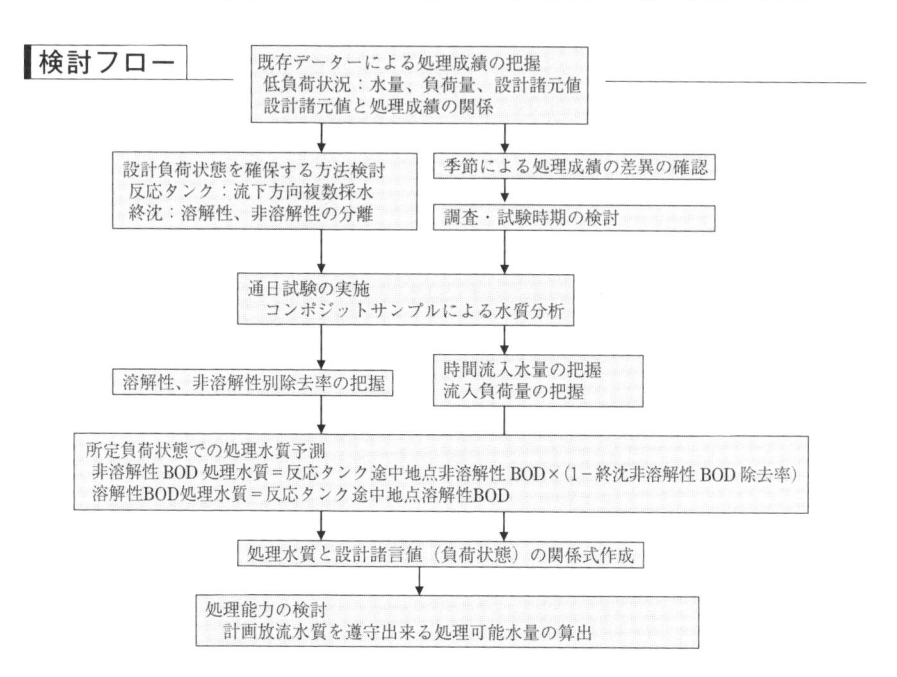

検討フロー

既存データーによる処理成績の把握
低負荷状況:水量、負荷量、設計諸元値
設計諸元値と処理成績の関係

↓

設計負荷状態を確保する方法検討
反応タンク:流下方向複数採水
終沈:溶解性、非溶解性の分離

季節による処理成績の差異の確認

↓

調査・試験時期の検討

↓

通日試験の実施
コンポジットサンプルによる水質分析

↓

溶解性、非溶解性別除去率の把握

時間流入水量の把握
流入負荷量の把握

↓

所定負荷状態での処理水質予測
非溶解性BOD処理水質=反応タンク途中地点非溶解性BOD×(1-終沈非溶解性BOD除去率)
溶解性BOD処理水質=反応タンク途中地点溶解性BOD

↓

処理水質と設計諸言値(負荷状態)の関係式作成

↓

処理能力の検討
計画放流水質を遵守出来る処理可能水量の算出

使用データ

通日試験結果(冬季低水温期、5回)

設計 (Design)

12 Study on the treatment capacity of WWTP operated at low load

Expansion design is to be commenced before entry of the load corresponding to the existing facilities capacity. Accordingly, analysis of existing data is not appropriate for the purpose if evaluation of the capacity of existing facilities is to be reflected in the expansion design. It is also impossible to verify the treatment achievements by allowing the load corresponding to the capacity to enter the actual facilities. However, this problem can be overcome by wise selection of survey point in the actual facilities and by confirming while accommodating with the simplified experiments partially.

Essential points

- The treatment achievement corresponding to the capacity in the reactor can be confirmed by wise selection of the sampling points.
- The solids-liquid separaton function corresponding to the capacity of final sedimentation tank can be achieved by separately handling SS-BOD and S-BOD.
- Using data at low load and at load corresponding to the capacity, the treated water quality can be predicted.

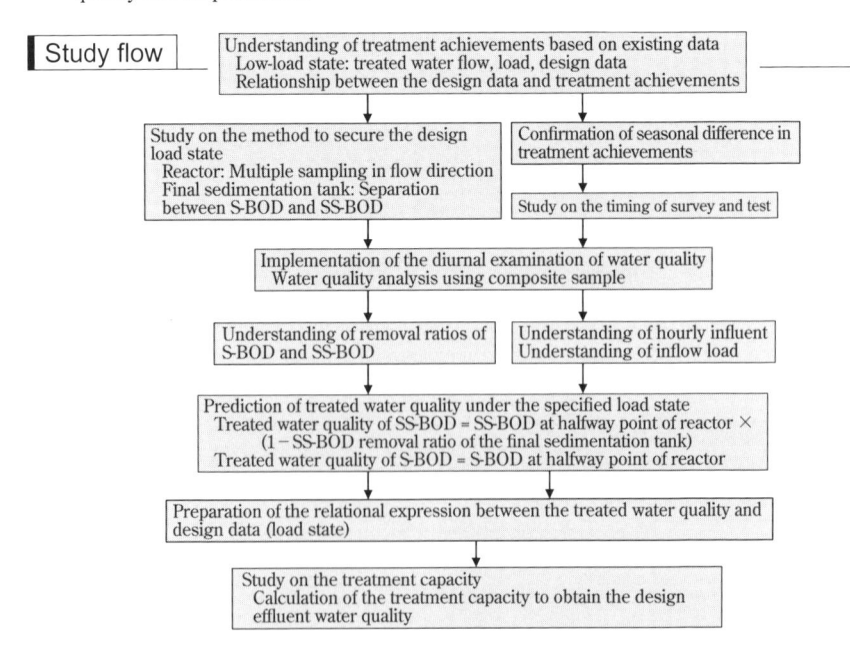

Study flow

Understanding of treatment achievements based on existing data
Low-load state: treated water flow, load, design data
Relationship between the design data and treatment achievements

↓

Study on the method to secure the design load state
Reactor: Multiple sampling in flow direction
Final sedimentation tank: Separation between S-BOD and SS-BOD

Confirmation of seasonal difference in treatment achievements
↓
Study on the timing of survey and test

↓

Implementation of the diurnal examination of water quality
Water quality analysis using composite sample

↓

Understanding of removal ratios of S-BOD and SS-BOD

Understanding of hourly influent
Understanding of inflow load

↓

Prediction of treated water quality under the specified load state
Treated water quality of SS-BOD = SS-BOD at halfway point of reactor × (1 − SS-BOD removal ratio of the final sedimentation tank)
Treated water quality of S-BOD = S-BOD at halfway point of reactor

↓

Preparation of the relational expression between the treated water quality and design data (load state)

↓

Study on the treatment capacity
Calculation of the treatment capacity to obtain the design effluent water quality

Data used

Diurnal examination results of water quality (five times with low water temperature in winter)

12.1 まえがき

対象とした処理場の既存通日試験結果は、以下の諸点で今回の解析への使用条件を満足していなかった。
① （流入負荷／施設設計負荷）が 0.5 程度の低負荷運転が行われていた。
② 流入水、放流水しか測定されていなく、反応タンクの流入、流出、終沈流出の各点での水質測定値が把握されていなかった。
③ 放流 BOD 水質値が分析者により大幅に異なっており、分析方法に関して不明な点があった。

以上から、新たに通日試験を実施し、その結果に基づき能力評価を行うことにした。

12.2 通日試験の内容と結果

（1） 試験回数

通日試験は、季節変動を把握する目的から年間を通して各季節に行う場合と、厳しい流入条件下での処理能力を把握する目的から低水温期や高流入水質期に行う場合がある。今回は、処理能力を把握する目的のため、低水温期（12月～3月）に実施した。

試験回数は、設計条件による処理水質の予測式を作成することが目的であるため、10個以上のデータが得られるように設定した。回帰式の相関係数が有意水準 1% を確保するためには、データ数 10 個で相関係数が 0.765 以上である必要がある。

（2） 試験内容

通日試験内容を、**表 12-1** に示す。

表 12-1 通日試験内容

調査対象	サンプリング	水質分析項目
流入下水 最初沈殿池流出水 第 2S 流出水 第 4S 流出水 最終沈殿池流出水 放流水	各地点で 2 時間ごとに採水を行い、等量でコンポジットしたものを分析試料とする。	水温、 pH、 BOD、 S-BOD、 COD、 SS

第 2S 流出水は、反応タンク中間地点での採水、第 4S 流出水は反応タンク流出水である。

図 12-1 に、処理フローと採水ポイントを示す。対象とした処理施設の水処理方式は生物膜法（回転生物接触法）である。

```
            ↓
            ●      流入下水
            ↓ ←返流水
         ┌─────┐
         │最初沈殿池│
         └─────┘
            ↓
            ●      最初沈殿池流出水
         ┌─────┐
         │ 第1槽 │
反応タンク │ 第2槽│●  第2S流出水
         │ 第3槽 │
         │ 第4槽 │
         └─────┘
            ↓
            ●      第4S流出水
         ┌─────┐
         │最終沈殿池│
         └─────┘
            ↓
            ●      最終沈殿池流出水
         ┌─────┐
         │塩素滅菌池│
         └─────┘
            ↓
            ●      放流水
```

●採水ポイント

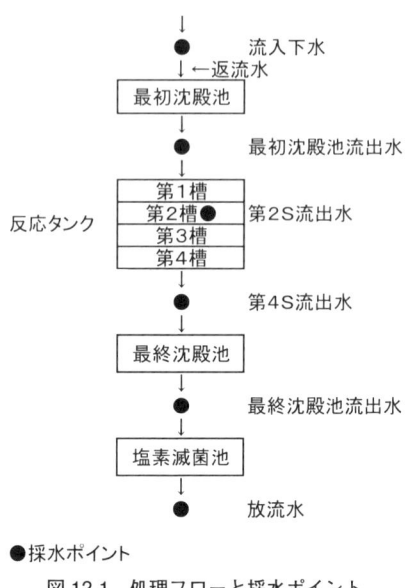

図 12-1　処理フローと採水ポイント

（3）試験結果

図 12-2 には、S（溶解性）-BOD と SS（非溶解性）-BOD の内訳を 5 回平均値として、処理工程別に示す。

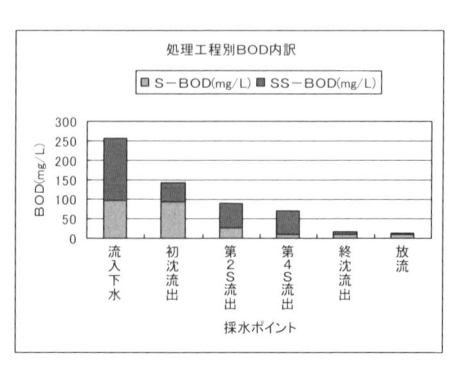

図 12-2　処理工程別 BOD 内訳

12 低負荷運転処理施設における処理能力の検討　*173*

　最初沈殿池では重力沈降でSS-BODが除去され、反応タンクでは生物分解でS-BODが除去されている。そして、最終沈殿池では再び重力沈降でSS-BODが除去されている。SS-BODに関して反応タンク流出水が初沈流出より高いのは、処理方式が生物膜法であるための特徴で、生物膜の剥離の結果であると解釈できる。

　図12-3に、T（全）-BOD、S（溶解性）-BODおよびSS（非溶解性）-BODの、処理工程別水質を5回分まとめて示した。SS-BODは、(T-BOD)－(S-BOD)として算出した値である。最初沈殿池流出水のBODは、110mg/L～180 mg/Lであるが水量変動を考慮すると、負荷量では2.2倍の変動幅を持った処理結果であり、負荷量が変化した場合の水質予測に適したデータである。いずれの場合の処理成績も、T-BODとしては処理工程と共に順次低下しているが、初沈でSS-BODが除去され、反応タンクでS-BODが除去されている。初沈流出よりも反応タンク流出の方がSS-BODが高い理由は、上述した通りである。

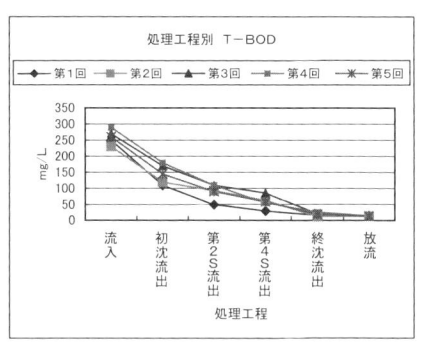

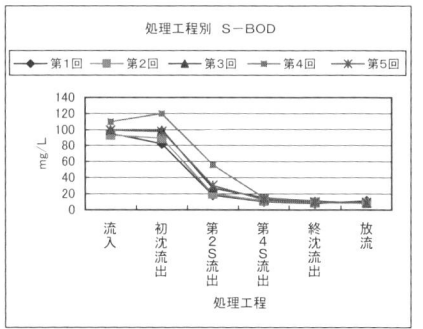

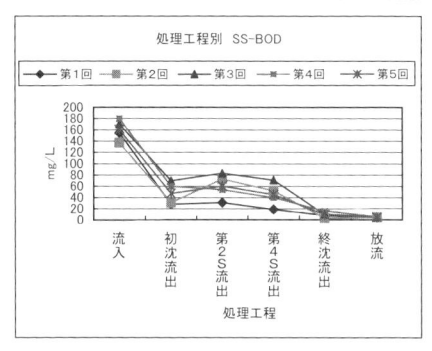

図12-3　処理工程別BOD水質

設計（Design）

12.3 除去率の算出

処理工程別除去率を、**図 12-4** に示す。除去率であるため、対象とする処理工程の前後の水質から算出している。S-BOD は反応タンクで除去されているが、反応タンクでも前半の方が後半より除去率が高い。いずれの調査においても反応タンク全体では、S-BOD の除去率は 85％以上であった。SS-BOD は初沈、終沈で除去されているが滅菌池でも沈殿が生じているためか、除去されている。なお、除去率がマイナスになる場合はゼロとして取り扱っている。

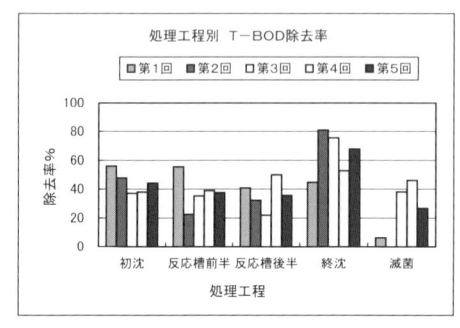

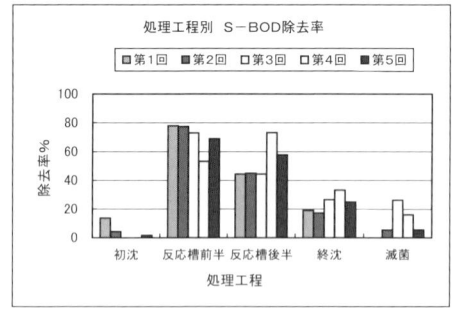

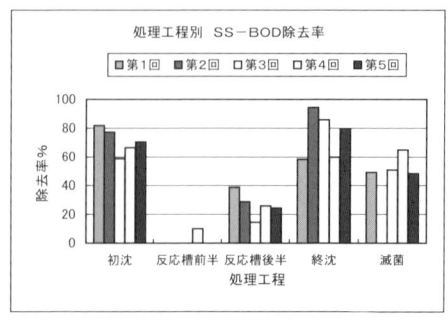

図 12-4　処理工程別除去率

12.4 設計負荷相当時の水質予測

対象処理施設は、設計負荷の 1/2 程度の低負荷運転であった。設計負荷相当の流入水になった場合の処理水質予測は、以下のような方法で行う。

① 反応タンクでの処理水質は、反応タンク中間点での分析値を用いる
② 最終沈殿池での除去 BOD は重力沈降により行われるため、SS-BOD のみと考え、S-BOD は除去率 0% として扱う
③ SS-BOD の最終沈殿池および滅菌池での除去率は、現状と同一として扱う。処理水量が増加した場合、除去率が低下すると考えられるが、最終沈殿池の流入水質が上昇して除去率が上昇することもあり、現状と同一として扱う。

図 12-5 に考え方を示す。

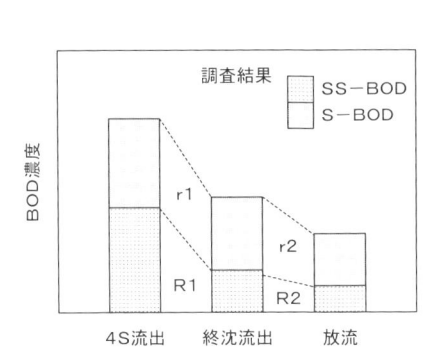

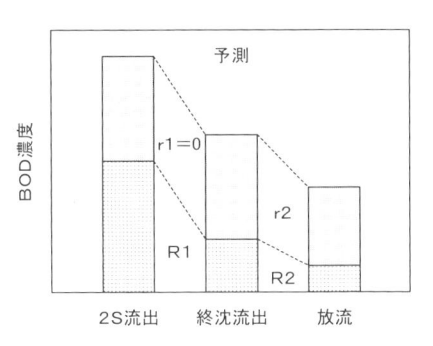

r：S-BOD 除去率、R：SS-BOD 除去率

図 12-5　水質予測方法

表 12-2 に算出の一例を示す。

表 12-2　反応タンク中間点からの放流水質予測

		流入下水量 m^3/d	第4ステージ放流水質			除去率		第2ステージ放流水質　予測		
			BOD mg/L	S-BOD mg/L	SS-BOD mg/L	S-BOD %	SS-BOD %	S-BOD mg/L	SS-BOD mg/L	BOD mg/L
第2回	流入水	3,060	230	93	137					
	最初沈殿池流出水		120	89	31	4.3	77.4			
	第2ステージ流出水		93	20	73	77.5	0.0			
	第4ステージ流出水		63	11	52	45.0	28.8			
	最終沈殿池流出水		12	9.1	2.9	17.3	94.4	20.0	4.1	
	放流水		13	8.6	4.4	5.5	0.0	18.9	4.1	23.0
	除去率（流入〜放流）		94.3	90.8	96.8					

18.9=20 × (100-5.5)/100
4.1=73 × (100-94.4)/100
23.0=18.9+4.1

12.5　処理能力評価

対象処理施設は、設計放流 BOD 水質が 20mg/L の時代に 1 系列 2,000m³/ 日の処理能力が確保できるように設計・築造された。計画放流水質を BOD15mg/L にする場合の、処理可能水量を確定させるにあたり、既存データとしては設計負荷の 1/2 程度の低負荷運転の結果しかなかった。そこで、以上の調査結果を用いて、設計負荷相当の流入負荷量となった場合の処理成績を予測し、BOD15mg/L を順守できる流入負荷量を把握することにする。なお、生物処理による有機物除去の処理成績を表現する場合、最終沈殿池流出水質を用いるのが適正であるが、本施設においては滅菌池での SS 性 -BOD の除去が確認できたので、滅菌後の放流水質でもって処理成績を表現する。

対象とした生物膜法の設計諸元値は、BOD 面積負荷である。流入水量、反応タンク流入水質、使用反応タンク数などから BOD 面積負荷を算出して、**表 12-3** に示す。流入負荷量の最大 / 最低比は、2.2 となっており、負荷量が変化した場合の処理成績評価に適したデータである。

12 低負荷運転処理施設における処理能力の検討

表 12-3 調査時の設計諸元値と処理成績

調査回数	流入		初沈流出		円板面積	第4ステージ		第2ステージ		放流 BOD 水質 (mg/L)	
	下水量	BOD	BOD 負荷量	負荷量比		使用槽数	面積負荷	使用槽数	面積負荷	第4ステージ	第2ステージ
	m³/d	mg/L	g/d		m²/槽	槽	BOD/m²/d	槽	BOD/m²/d	実測	予測
第1回	2,413	110	265,430	1.0	6,781	12	3.3	6	6.5	15	24.5
第2回	3,060	120	367,200	1.4	6,781	12	4.5	6	9.0	13	23
第3回	3,241	170	550,970	2.1	6,781	12	6.8	6	13.5	13	25.6
第4回	3,179	180	572,220	2.2	6,781	12	7.0	6	14.1	14	54.6
第5回	2,973	145	431,085	1.6	6,781	12	5.3	6	10.6	14	34.8

BOD 面積負荷と放流水質と照合した結果を、図 12-6 に示す。

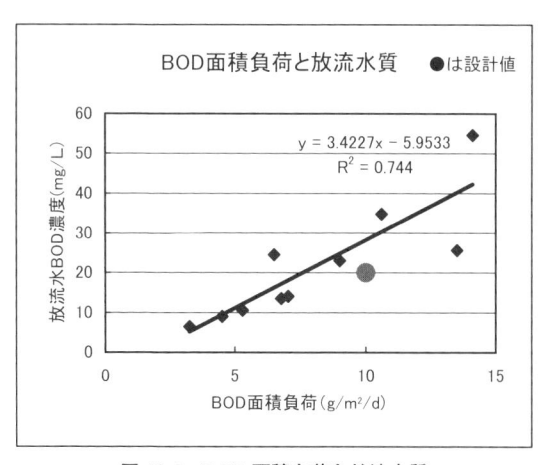

図 12-6 BOD 面積負荷と放流水質

　両者の関係は 1 次式で $R^2 = 0.744$, $R = 0.863$ である。データ数 10 の場合の相関係数の有意水準 1％値は 0.765 であり、強い相関がある。図中の●は、当初設計値であるが、現状の処理成績はそれを下回っている。BOD 面積負荷が $10g/m^2/d$ の場合は、放流 BOD 濃度は 28mg/L 程度になると予想される。

　現状の計画放流水質である BOD15mg/L を満たす BOD 面積負荷は、$6.1g/m^2/d$ である。計画放流水質を 20mg/L から 15mg/L に 75％にする事に対して、BOD 面積負荷を $10g/m^2/d$ から $6.1g/m^2/d$ へ 61％にする事が必要である。との能力検討結果である。

12.6 まとめ

　低負荷時処理成績を SS-BOD と S-BOD に分けて捉え、反応タンク中間での採水の水質を対象にして設計相当負荷時の水質予測を行う方法を事例に基づいて示した。

　ここで述べた、処理成績を SS-BOD と S-BOD を分けて捉える考え方は、生物膜法、活性汚泥法を問わず適用可能である。さらに、反応タンク中間での採水の水質を用いる考え方は、標準活性汚泥法などの押し出し流れの反応タンクにおいては適用可能である。

Coffee Break－9

水面積負荷

　水面積負荷は沈殿池設計上の最重要因子です。この単位は m³/(m²·d) と表され、これを整理すると m/d となり、速度の単位となります。正確には水面積負荷は、粒子の沈降速度です。水面積負荷は、以下に示す理想的沈殿池の考えに基づいています。

～理想的沈殿池の条件～
- 流れの方向は水平で沈殿帯のすべての部分で水平流速は一定であり、完全な押し出し流れを形成する。
- 各径の浮遊粒子濃度は、流入帯から沈殿帯に入る際、全水深を通じて一様である。
- 汚泥帯にいったん沈下した粒子の再浮上はない。

以上の条件の下、粒子の沈降速度 V は次のように求められます。
図より速度ベクトルと沈殿池の形状の関係より、U：V ＝ L：H

よって　$V = \dfrac{U \cdot H}{L}$

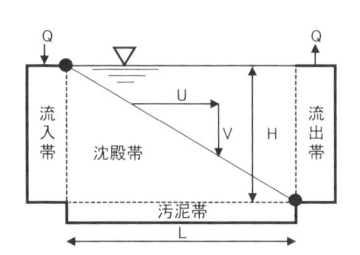

理想的沈殿池における粒子の挙動

　これに池幅 B を分子、分母に乗じると、H × B は池の断面積 S となり、L × B は池を上から見た水面積 A となります。さらに水平流速 U と断面積 S の積は、池を流れる流量 Q となり、結果的に粒子の沈降速度 V は、流量 Q を池の水面積 A で除した値のみの関数として与えられます。

$$V = \dfrac{U \cdot H \cdot B}{L \cdot B} = \dfrac{U \cdot S}{A} = \dfrac{Q}{A}$$

　これより、例えば水面積負荷が 10 m³/(m²·d) と 100 m³/(m²·d) の場合では、沈殿池において粒子が 1 日に 10m しか沈降しないもの、1 日に 100m 沈降するものをそれぞれ対象とします。水面積負荷を小さくするということは、池容量を大きくすることになります。

【参考文献】
北尾高嶺　著「生物学的排水処理工学」、コロナ社

13 長寿命化診断における経済的（LCC）診断

> 経済的診断では、LCC を評価指標にして、現状までのその推移を把握し、既に 1 年当たり LCC が最小になる経済的最適更新年に達しているのか、今後何年先に経済的最適更新年に到達するか、年間どれ位の修繕点検費に抑えると最適更新年を延伸できるか等を予測する。

ポイント

- 同一形式、同一使用条件で機器をグルーピングして、修繕費データを収集する。
- 同一グループ1本の LCC 曲線を設定して、検討に使用する。
- 将来修繕費の発生ケースを設定してシミュレーションにより、修繕と更新を比較する。

検討フロー

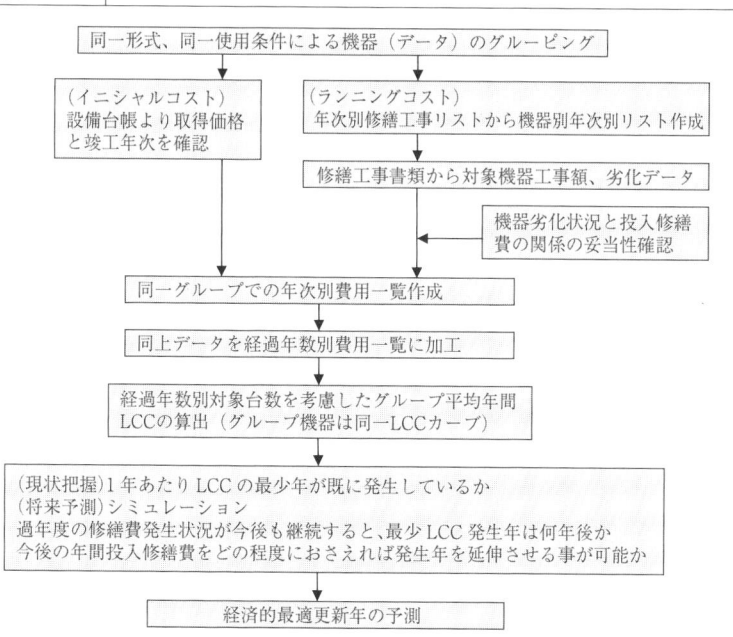

```
       同一形式、同一使用条件による機器（データ）のグルーピング
              ↓                          ↓
   （イニシャルコスト）           （ランニングコスト）
   設備台帳より取得価格           年次別修繕工事リストから機器別年次別リスト作成
   と竣工年次を確認                        ↓
                                 修繕工事書類から対象機器工事額、劣化データ
                                          ↓
                                 機器劣化状況と投入修繕
                                 費の関係の妥当性確認
              ↓                          ↓
              同一グループでの年次別費用一覧作成
                         ↓
              同上データを経過年数別費用一覧に加工
                         ↓
              経過年数別対象台数を考慮したグループ平均年間
              LCC の算出（グループ機器は同一 LCC カーブ）
                         ↓
   （現状把握）1 年あたり LCC の最少年が既に発生しているか
   （将来予測）シミュレーション
   過年度の修繕費発生状況が今後も継続すると、最少 LCC 発生年は何年後か
   今後の年間投入修繕費をどの程度におさえれば発生年を延伸させる事が可能か
                         ↓
              経済的最適更新年の予測
```

使用データ

年次別発生費用（建設費、修繕費ほか）

設計 (Design)

13 Economical (LCC) analysis in life extension diagnosis

In the economical analysis using LCC as an economical index, the transition up to the present point will be identified to predict if the economically-optimum replacement year in which LCC per year is already minimum has reached, how many years are left in the future till the economically-optimum replacement year will come, and to which extent the repair and inspection costs are to be suppressed annually so as to extend the optimum replacement year.

Essential points

- The repair cost data will be collected by grouping the equipment of the same type and the same operating conditions.
- One LCC curve for one group will be set for use in the study.
- Repair and replacement will be compared through simulation with repair cost cases expected in the future.

Study flow

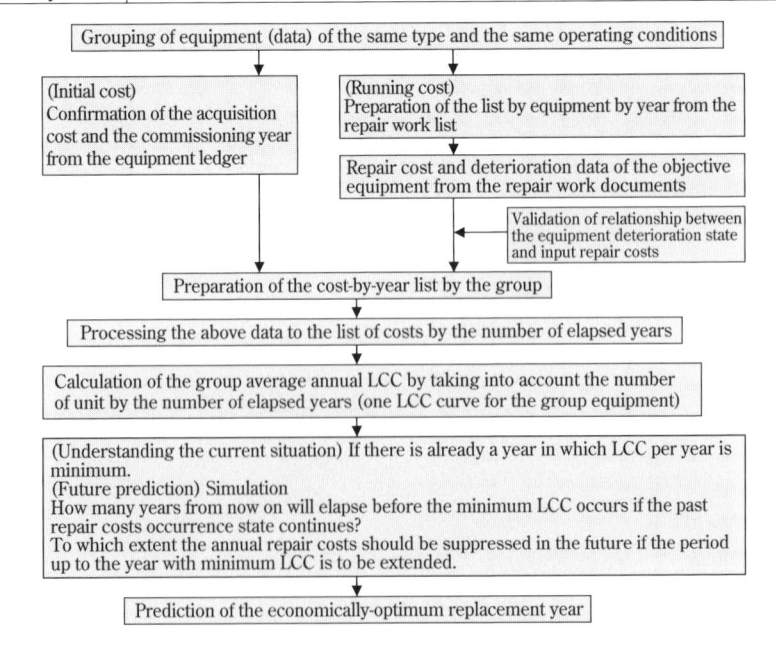

Grouping of equipment (data) of the same type and the same operating conditions
↓

(Initial cost)
Confirmation of the acquisition cost and the commissioning year from the equipment ledger

(Running cost)
Preparation of the list by equipment by year from the repair work list
↓
Repair cost and deterioration data of the objective equipment from the repair work documents
↓
Validation of relationship between the equipment deterioration state and input repair costs
↓
Preparation of the cost-by-year list by the group
↓
Processing the above data to the list of costs by the number of elapsed years
↓
Calculation of the group average annual LCC by taking into account the number of unit by the number of elapsed years (one LCC curve for the group equipment)
↓
(Understanding the current situation) If there is already a year in which LCC per year is minimum.
(Future prediction) Simulation
How many years from now on will elapse before the minimum LCC occurs if the past repair costs occurrence state continues?
To which extent the annual repair costs should be suppressed in the future if the period up to the year with minimum LCC is to be extended.
↓
Prediction of the economically-optimum replacement year

Data used

Annual expenditure records (construction and repair costs)

13.1　まえがき

　長寿命化診断は、物理的診断と経済的診断から構成されている。2種類の診断はそれぞれ、現状診断と将来予測から構成される。物理的診断、経済的診断の2種類の現状診断と将来予測から最適更新年（T）を決定することが長寿命化診断の大きな目的である。最適更新年（T）の決定は、物理的更新必要年（T1）と経済的最適更新年（T2）の短い方を採用することに相当する。本章では、経済的最適更新年（T2）の決定方法について述べる。

13.2　データ収集と整理

　長寿命化診断においてポイントになるのは、物理的診断、経済的診断いずれにおいても、データをどのように収集するかである。データが収集できなければ、劣化予測やLCC算定はできない。したがって、データ収集の可能性を制約条件として、健全度評価やLCC算定の方法を検討する必要がある。

　LCC算定を行う機器をグループ化して、1グループで1本のLCC曲線を設定して各種の検討を行う方法が、以下の諸点から現実的であると考えられる。

① 　従来設定されている標準的耐用年数は、10年、15年、20年などとまとめられている。そして、使用環境が水処理、汚泥処理などと異なっても同一機器なら標準的耐用年数は同一とされている。

② 　長寿命化診断の対象とする機器は15〜20年程度の稼働期間である場合が多いが、その期間におけるオーバーホール等の大規模な修繕・点検は1台の機器に関して、1、2回しか行われていない場合が多く、同一号機に対する費用や劣化状況の経年的なデータは1、2個しか得られない。

③ 　機器の腐食や劣化に影響を及ぼす流入水質は、同一処理場では経年的に変化することは少なく、増設などで設置年次が異なる同一機器の劣化状況は設置年次でなく経過年数でまとめると、同一グループのデータとして取り扱うことが可能である。

④ 　機器の腐食や劣化に影響を及ぼす使用環境は、同一処理場同一機器では、対象機器を収容している土木建築施設の形式が、スラブの有無など同一であれば処理プロセスが異なっても大きくは異ならない。したがって、その点からも同一グループのデータとして取り扱うことが可能である。

　以上の考えに基づくと、劣化データ、費用データのグルーピングとして**表13-1**のように考えることができる。

表 13-1 データーグルーピングの考え方（一部）

機器	グループ
主ポンプ	各号機一括
初沈汚泥かき寄せ機	各号機一括
水処理汚泥ポンプ	生、余剰一括
汚泥処理汚泥ポンプ	重力〜脱水機投入一括

13.3 年次別費用一覧作成

13.2 節で述べた同一機器のグループとして最初沈殿池汚泥かき寄せ機を取り上げ、各号機に対する年次別費用一覧を作成したのが、**表 13-2** である。1号〜4号の4系列の汚泥かき寄せ機を対象にしているが、1系列当たりの修繕回数は、15年〜20年間で連続した2〜3年1回である。修繕1年目に点検して修繕規模を把握し大部分を修繕する。そして、2、3年目に残りを修繕しているものと思

表 13-2 年次別費用一覧（最初沈殿池汚泥かき寄せ機）

		1号			2号			3号	4号		
		1の1	1の2	1の3	2の1	2の2	2の3		4の1	4の2	4の3
公称能力		7000	7000	7000	7000	7000	7000	21,000	7000	7000	7000
竣工年度		1987	1987	1987	1990	1990	1992	1997	2002	2002	2002
取得価格（千円）		40,000	40,000	40,000	40,000	40,000	40,000	140,000	46,000	46,000	46,000
点検修繕費（千円）											
1987	昭和 62										
1988	63										
1989	平成 1										
1990	2										
1991	3										
1992	4										
1993	5										
1994	6										
1995	7										
1996	8										
1997	9										
1998	10	10,000	200								
1999	11		8,000	12,000							
2000	12	1,000	1,000	1,000							
2001	13										
2002	14										
2003	15										
2004	16										
2005	17							2,000			
2006	18				2,000	1,400		100			
2007	19						2,000	300		250	
2008	20										

■ 未設定

われる。修繕費は、15 ～ 20 年間で一定年次経過後、小規模に連続して発生するわけではない。一定程度の規模でまとまって集中して発生する。それは、修繕が事後保全ではなく、既に予防保全として計画的に行われていることを意味している。したがって、例にした機器においては必ずしも、健全度の低下に伴い修繕費が発生しているわけではないと言える。

13.4　1年当たりLCCの算定

年次別費用一覧表を経過年数別費用一覧表に作成し直したのが、**表13-3**である。修繕費は、例外的に第4系列で6年目に発生しているが、その他では、12年目以降で発生している。

表 13-3　経過年数別費用一覧（最初沈殿池汚泥かき寄せ機）

単位：千円

経過年数	1号			2号			3号	4号			合計	対象台数3台/池	1台当たり費用	点検修繕費積額	LCC＝建設費＋点検修繕費累積額	1年当たりLCC
	1の1	1の2	1の3	2の1	2の2	2の3		4の1	4の2	4の3						
公称能力	7,000	7,000	7,000	7,000	7,000	7,000	21,000	7,000	7,000	7,000	84,000					
竣工年度	1987	1987	1987	1990	1990	1992	1997	2002	2002	2002						
取得価格（千円）	40,000	40,000	40,000	40,000	40,000	40,000	140,000	46,000	46,000	46,000	518,000	12	43,167			
点検修繕費（千円） 0												12	43,167	43,167		
1												12	0		43,167	43,167
2												12	0		43,167	21,583
3												12	0		43,167	14,389
4												12	0		43,167	10,792
5												12	0		43,167	8,633
6									250			250	12	21	21	43,188	7,198
7													12	0	21	43,188	6,170
8													9	0	21	43,188	5,398
9													9	0	21	43,188	4,799
10													9	0	21	43,188	4,319
11													9	0	21	43,188	3,926
12	10,000	200										10,200	9	1,133	1,154	44,321	3,693
13		8,000	12,000									20,000	6	3,333	4,488	47,654	3,666
14	1,000	1,000	1,000		2,000							5,000	6	833	5,321	48,488	3,463
15					100							100	6	17	5,338	48,504	3,234
16					300							300	6	50	5,388	48,554	3,035
17				1,000								1,000	6	167	5,554	48,721	2,866
18					2,000							2,000	5	400	5,954	49,121	2,729
19												0	5	0	5,954	49,121	2,585
20			2,000									2,000	3	667	6,621	49,788	2,489
21												0	3	0	6,621	49,788	2,371
22												0	3	0	6,621	49,788	2,263

設計 (Design)

経過年数別費用一覧表にすると、1～4系列の費用発生状況の全データを使用して平均的費用発生状況を作ることができる。利用可能な全情報を使用するとの視点からの操作である。全系列に対する発生費用を合計して機器台数で割り戻し、1台当たり平均年間費用を算出する。この時、経過年数により機器台数が異なるためそれを反映させることが必要である。算出結果を**図 13-1** に示す。

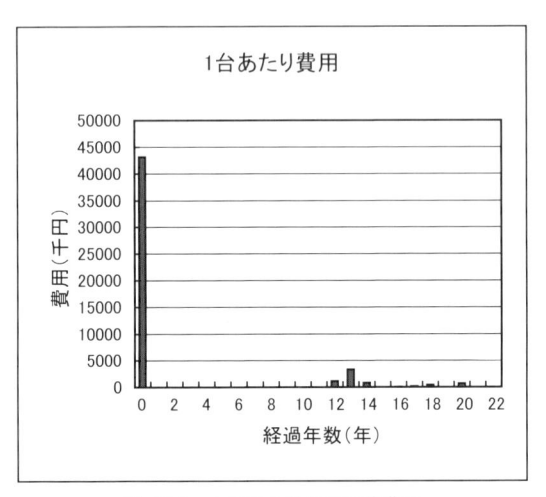

図 13-1　1 台当たり年間平均費用

LCC は、下式により算出する。
　LCC ＝ 建設費 ＋ 点検修繕費累積額
　稼働開始 n 年目の 1 年当たり LCC ＝（建設費 ＋ 点検修繕費累積額）/n
　算出結果は**表 13-3**、**図 13-2** の通りである。この例では、稼働開始 22 年経過の現状でも 1 年当たり LCC は減少傾向であり、1 年当たり最少 LCC が発生するのはさらに将来であると推察できる。これは、建設費に比較して修繕費が少額しか発生していないためである。以上から、対象とした機器に対する経済的診断の結果は、「更新ではなく、修繕費の投入による長寿命化」であると判断できる。

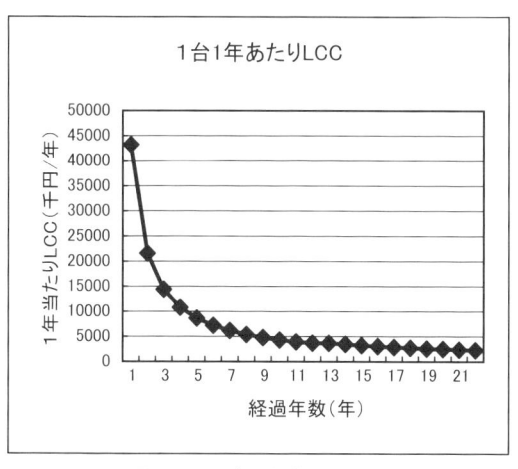

図 13-2 　1 台 1 年当たり LCC

13.5　1 年当たり LCC の将来予測

　現在までの建設費、修繕費の発生状況を踏まえ、将来、どの時点で更新すべきか、更新時期を延伸するには年間修繕費をどの程度に抑制すべきか、などを検討するためには、修繕費を変化させたシミュレーションが必要である。前出の汚泥かき寄せ機に関して、23 年目以降の年間修繕費を変化させた場合の 1 年当たり LCC を、**図 13-3** に示す。23 年目以降の年間修繕費の額により、以下の状況になる。

　100 万円、200 万円 / 年場合：最少 LCC 発生年はさらに先である ⋯ 修繕が有利

　300 万円 / 年の場合：最少 LCC 発生年は現在（22 年目）である ⋯ 更新が有利

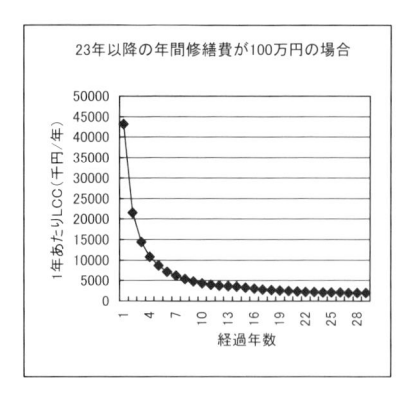

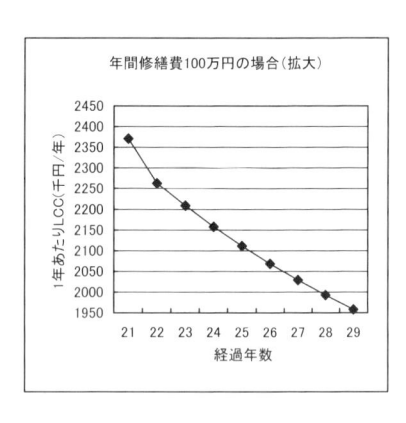

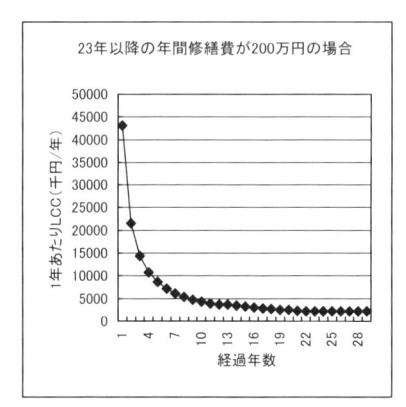

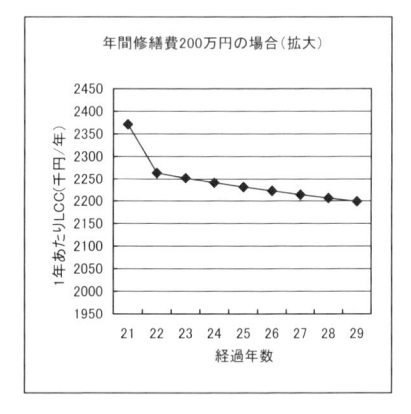

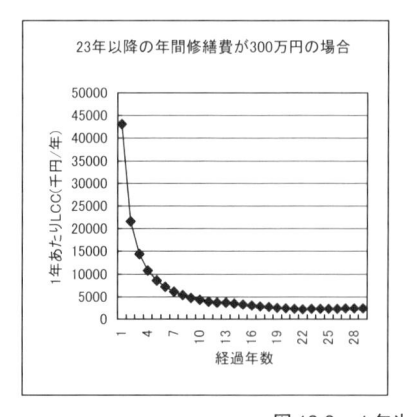

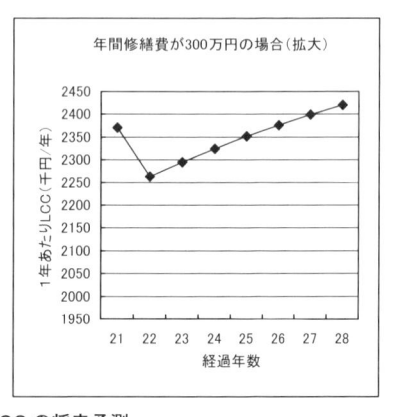

図 13-3　1 年当たり LCC の将来予測

13.6　1年当たりLCCのモデル計算

13.5節で、年間修繕費の発生状況により1年当たりLCCの点から判断した、修繕、更新の判断が異なることが判明した。したがって、ここでは、途中年次での大規模修繕の額や、繰り返される小修繕の額などにより、1年当たり最少LCCの発生年次や修繕、更新の優劣状況がどのように異なるかをモデル計算で検討する。

比較検討ケースとして、下記の3ケースを設定する。
　　イ．長寿命化（部品交換コスト低）
　　ロ．長寿命化（部品交換コスト高）
　　ハ．更新

計算条件は以下の通りである。
　　イ．5年目までは消耗品の購入は発生しない。
　　ロ．15年目にイニシャルコストの40％相当の主要部品交換を行う。
　　　　消耗品と分解点検は5年間隔でイニシャルコストの5％相当を必要とする。
　　　　小修繕は2～4％で年次増加する。
　　ハ．5年目までは消耗品の購入は発生しない（イと同じ）。
　　　　15年目にイニシャルコストの60％相当の主要部品交換を行う。
　　　　消耗品と分解点検は年次的に増加する。
　　　　小修繕は2～5％で年次増加する。
　　ニ．5年目までは消耗品の購入は発生しない（イ、ロと同じ）。
　　　　15年目に機器更新を行う。
　　　　消耗品と分解点検については、イの15年目までと同じ状況が繰り返される。

計算結果を、**図 13-4** に示す。「LCCと摩耗量」のグラフは、部品交換や機器更新により部品摩耗量が復元する状況を示している。

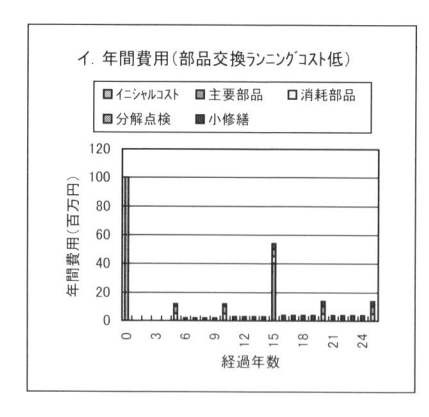

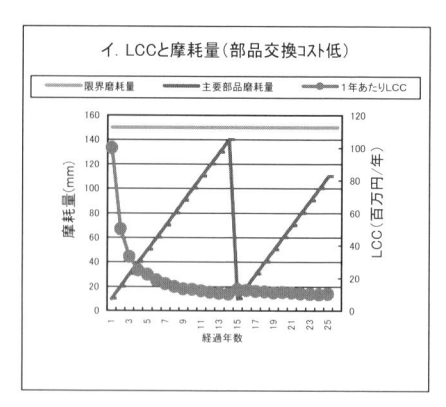

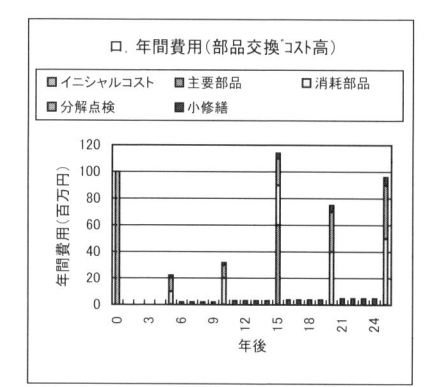

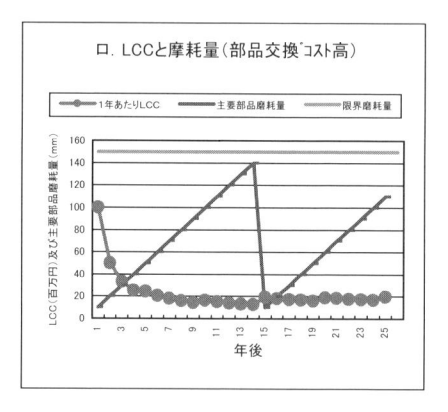

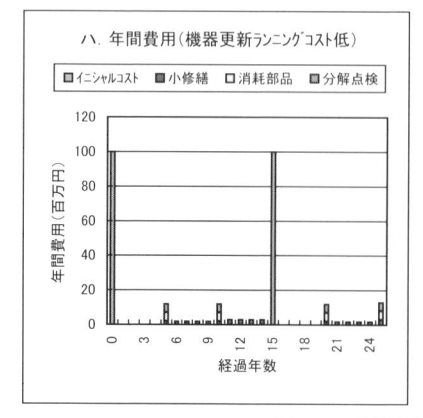

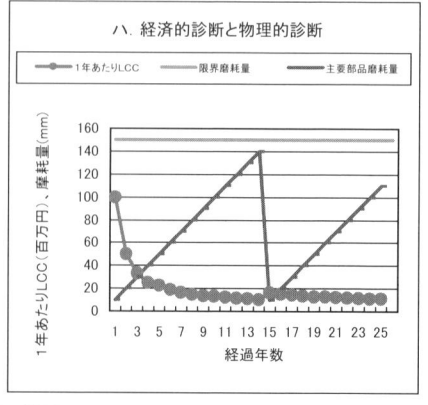

図 13-4　年間費用の差異による LCC

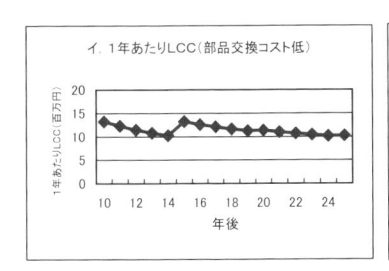

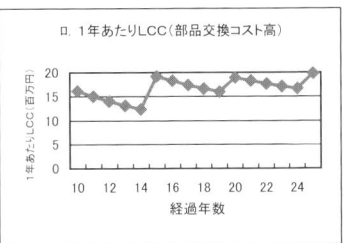

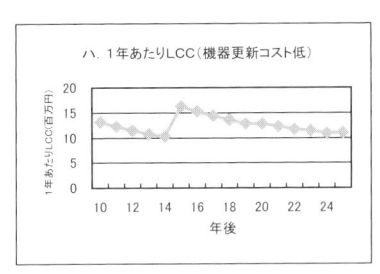

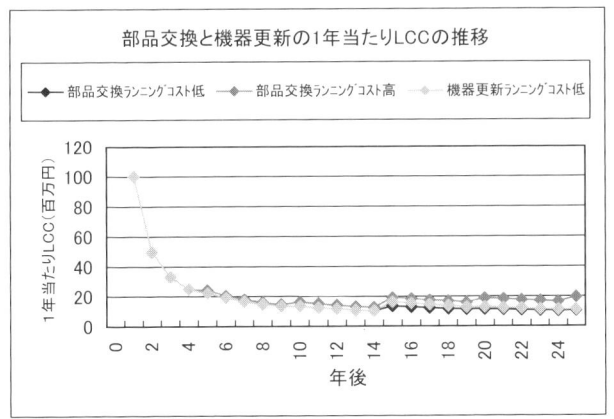

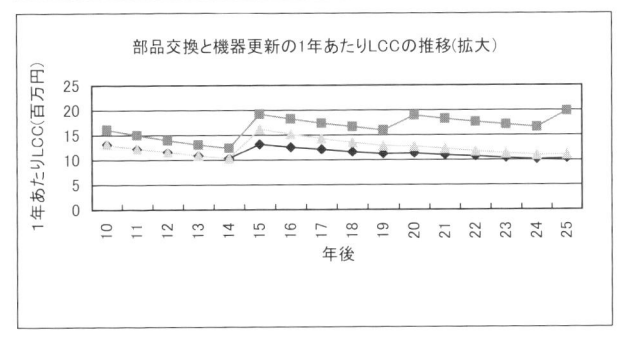

図 13-5 LCC モデル計算結果

3ケースを経過年数10年目以降を拡大し、また、比較のために同一グラフ内に描いたのが、図13-5である。イとハにおいては、主要部品交換または機器更新の後でも1年当たりLCCは低下しているため、主要部品交換または機器更新の処置は経済的に有利である。そして、主要部品交換と機器更新の優劣差は年次経過と共に減少している。しかし、ロにおいては主要部品交換後上昇傾向にあり、部品交換は不利である。このようなモデル計算により、投入予定修繕費の額により主要部品交換か機器更新かの判断を行うことが可能である。そして、主要部品交換で対応するための、許容される修繕費の上限も把握できる。

　以上では経済的診断について述べたが、同じ機器に関して物理的診断が必要であり、両者を合わせて、部品交換か機器更新かの総合判断を行う必要がある。

参考文献　（本章は、下記の既発表論文を編集したものである）
1) 真鍋耕一、白潟良一：実際的長寿命化診断のフレーム試案、月刊下水道、Vol.38、No.8、pp.65〜69、2009年7月
2) 種市尚仁、白潟良一：設備診断における既存情報の活用事例、月刊下水道、Vol.30、No.10、pp.84〜88、2010年7月

Coffee Break-10

粒子の沈降速度（ストークスの公式）

「その9 水面積負荷」においては、水面積負荷は粒子の沈降速度を意味することを述べました。しかし実際に沈降は、粒子の大きさや形状、密度、ならびに流体の粘性、密度などに影響されます。このような因子を考慮した層流状態での粒子の沈降速度（ストークスの公式）は、以下のように導かれます。

図のように球形の粒子の沈降を考えてみます。

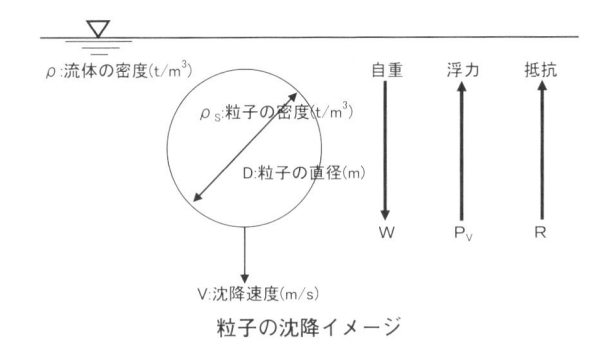

ρ:流体の密度(t/m³)
ρ_S:粒子の密度(t/m³)
D:粒子の直径(m)
自重 W　浮力 P_V　抵抗 R
V:沈降速度(m/s)

粒子の沈降イメージ

まず粒子の体積は、$(\pi/6)D^3$ (m³)になりますので、粒子の質量は、
$$\rho_S \cdot (\pi/6) D^3 \ (t)$$
となります。

また、重力加速度を g (m/s²)とすると、自重、浮力、抵抗はそれぞれ、

自重 $W = \rho_S \cdot g \cdot (\pi/6) D^3$ (kN)
浮力 $P_V = \rho \cdot g \cdot (\pi/6) D^3$ (kN)
抵抗 $R = (\rho/2) \cdot C_D \cdot V^2 \cdot S$ (kN)

と表されます。ここに抵抗のC_Dは抵抗係数、Sは粒子の沈降方向に直角な断面積(m²)です。

これらをニュートンの法則（$F = m \cdot a$）に沈降方向を+としてあてはめますと、

$$W - P_V - R = m \cdot dV/dt$$

すなわち、

$$\rho_S \cdot g \cdot (\pi/6) D^3 - \rho \cdot g \cdot (\pi/6) D^3 - (\rho/2) \cdot C_D \cdot V^2 \cdot (\pi/4) \cdot D^2$$
$$= \rho_S \cdot g \cdot (\pi/6) D^3 \cdot dV/dt$$

よって、

$$\frac{dV}{dt} = \left(\frac{\rho_S - \rho}{\rho_S}\right) g - C_D \frac{3}{4} \frac{\rho \cdot V^2}{\rho_S \cdot D}$$

設計 (Design)

となります。次に、粒子の沈降速度が次第に大きくなってほぼ一定の速度で沈降するようになると（終端速度：Terminal Velocity という）、dV/dt = 0 となり、また Re（レイノルズ数）が1以下の層流域では、抵抗係数 C_D は C_D = 24/Re = 24・μ /（ρ ・V・D）と表されることから、以下のようにストークスの公式が導かれます。ストークスの公式によると、沈降速度は粒子の直径 D の自乗に比例し、流体の粘性係数 μ に反比例します。

$$V = \frac{\rho_S - \rho}{18 \cdot \mu} \quad g \cdot D^2$$

【参考文献】
合田健、山本剛夫、中西弘、津郷勇、西田薫　著、わかり易い土木講座　15 土木学会編集「衛生工学」、（株）彰国社

14 長寿命化診断における物理的診断

物理的診断では、部品とその集合体である機器の健全度の現状把握と将来予測を行う。将来予測には現状調査結果と既存データの両方を有効活用する。健全度の把握には定量的項目、定性的項目を用いるが、劣化を表現する直接的指標が客観性に優れる。

ポイント

- 同一機構、同一使用条件で機器をグルーピングして、既存の劣化データを収集する。
- 同一グループで1本の劣化曲線を設定して、将来予測に使用する。
- 既存の劣化データに基づく劣化曲線と、目視を中心とした詳細調査結果を照合する。

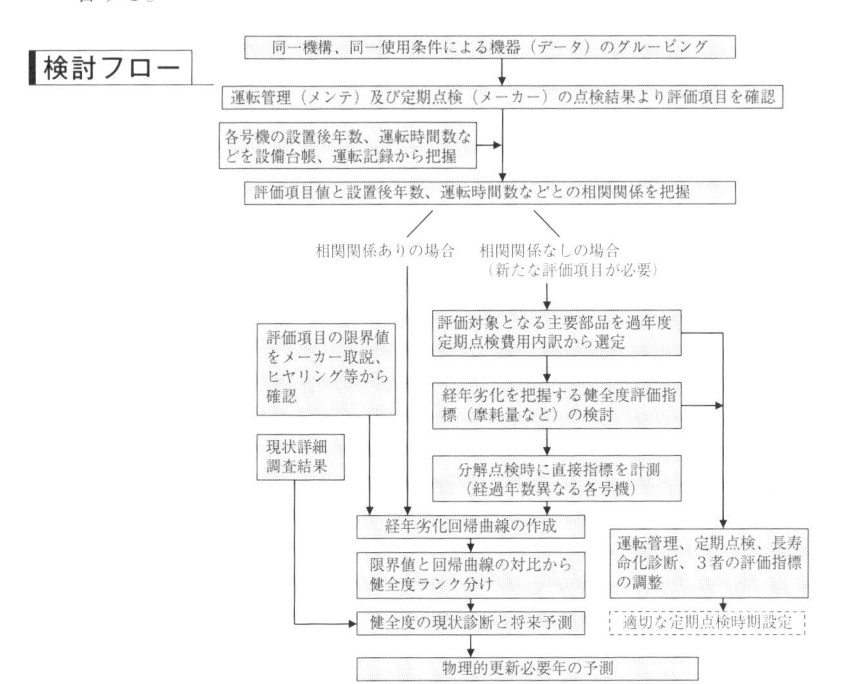

検討フロー

```
同一機構、同一使用条件による機器（データ）のグルーピング
          ↓
運転管理（メンテ）及び定期点検（メーカー）の点検結果より評価項目を確認
          ↓
各号機の設置後年数、運転時間数などを設備台帳、運転記録から把握
          ↓
評価項目値と設置後年数、運転時間数などとの相関関係を把握
       ↓                    ↓
 相関関係ありの場合      相関関係なしの場合
                        （新たな評価項目が必要）
                              ↓
                    評価対象となる主要部品を過年度
                    定期点検費用内訳から選定
                              ↓
 評価項目の限界値      経年劣化を把握する健全度評価指
 をメーカー取説、      標（摩耗量など）の検討
 ヒヤリング等から              ↓
 確認              分解点検時に直接指標を計測
                    （経過年数異なる各号機）
 現状詳細                    ↓
 調査結果         経年劣化回帰曲線の作成
       ↓                    ↓
       限界値と回帰曲線の対比から    運転管理、定期点検、長寿
       健全度ランク分け           命化診断、3者の評価指標
              ↓                の調整
       健全度の現状診断と将来予測   適切な定期点検時期設定
              ↓
       物理的更新必要年の予測
```

使用データ

定期点検、日常点検などによる年単位の劣化を表す直接的または間接的、定量データ（摩耗量、振動値、芯出し値ほか）

設計 (Design)

14　Physical diagnosis in life extension study

Physical diagnosis consists of the understanding of the present state and the future prediction for the components and their assembly, that is, the equipment in terms of their integrity. Future prediction utilizes both the present survey results and existing data. To understand the integrity, quantitative and qualitative items are used. The direct indices representing deterioration are superior in objectivity.

Essential points

- Existing deterioration data will be collected by equipment group with the same mechanism and the same operating conditions.
- One deterioraton curve will be set for one group for use in future prediction.
- Collation will be made between the deterioration curve based on existing deterioration data and the results of the in-depth survey mainly involving visual inspection.

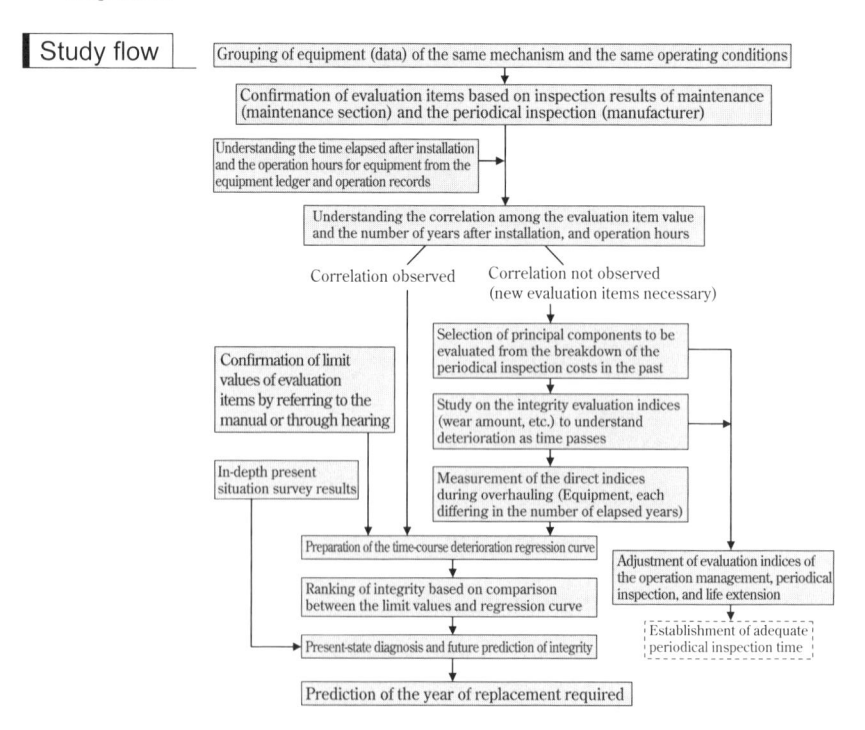

Study flow

Grouping of equipment (data) of the same mechanism and the same operating conditions
↓
Confirmation of evaluation items based on inspection results of maintenance (maintenance section) and the periodical inspection (manufacturer)
↓
Understanding the time elapsed after installation and the operation hours for equipment from the equipment ledger and operation records
↓
Understanding the correlation among the evaluation item value and the number of years after installation, and operation hours
↓
Correlation observed　　Correlation not observed (new evaluation items necessary)

Confirmation of limit values of evaluation items by referring to the manual or through hearing

Selection of principal components to be evaluated from the breakdown of the periodical inspection costs in the past
↓
Study on the integrity evaluation indices (wear amount, etc.) to understand deterioration as time passes
↓
Measurement of the direct indices during overhauling (Equipment, each differing in the number of elapsed years)

In-depth present situation survey results

↓
Preparation of the time-course deterioration regression curve
↓
Ranking of integrity based on comparison between the limit values and regression curve
↓
Present-state diagnosis and future prediction of integrity
↓
Prediction of the year of replacement required

Adjustment of evaluation indices of the operation management, periodical inspection, and life extension
↓
Establishment of adequate periodical inspection time

Data used

Direct or indirect quantitative data (wear amount, vibration value, alignment value, etc.) representing the annual deterioration observed during periodical and daily inspections

14.1 まえがき

　長寿命化診断は、物理的診断と経済的診断から構成されている。2種類の診断はそれぞれ、現状診断と将来予測から構成される。本章では、物理的診断に関して現状診断の結果を将来予測とどのように関係付けるかについて述べる。具体的には、物理的更新必要年の決定方法について述べる。

14.2 データ収集と整理

　将来予測には、経年的な過去のデータと現時点での詳細調査結果を利用する。経年劣化を把握するのが目的であるため年単位での劣化データが必要であり、データ個数が同数であるならば短期間よりは長期間の方が利用価値が高い。日常管理で毎日計測されているデータでも毎年の同時期の値など、年1個値として使用することで目的を果たすことができる。

　分解を含む定期点検は、費用がかさむためと一度に休止させることが不可能であるため、同種の機器を年次をずらして1台ずつ実施するのが一般的である。そして、数年に1度程度しか分解点検していないため、同一号機についてのデータ個数は限られる。機種、メーカー、部品材質などが同一の場合は1つのグループのデータとして取り扱う。

14.3 評価項目の選定

　運転管理および定期点検で蓄積されている機器の経年劣化を表すデータには、直接的指標と間接的指標がある。直接的指標とは、その指標自体が物理的機能を表現する指標である。一方、間接的指標とは、計測などが容易である等の理由から、直接的指標と間接的指標の関係を把握した上で物理的機能を代替的に表現する指標である。直接的指標には、部材厚さ、形状、強度などが該当し、間接的指標には、異音、振動、温度、サビなどが該当する。直接的指標で把握するのが望ましいが、高速回転機器においては、工場に搬送しての分解点検時にしか直接的指標で劣化状態を把握できない。さらに、従来の分解点検においては、振動、騒音など運転中の状態を中心に計測されており、物理的診断の視点からの計測は少ない。

　入手可能で、経過年数との間に正の相関が認められる評価項目を選択することが必要である。

設計 (Design)

（1） 低速回転機器（初沈かき寄せ機）

主要部品には、軸、スプロケット、チェーン等が該当する。

水処理施設は流入水量の年次伸びに応じて増設整備されるため、複数池となった以降では1池ずつ休止して点検が行われている。したがって、水中部の機器についても直接的指標である摩耗量の測定結果が得られている場合が多い。今回用いた測定値は、流入水質、機器種別、メーカー、部品材質は同一であるが、同一号機に関して得られた値ではない。しかし、使用条件が同一であるため経過年数との関係を把握するには1つのグループのデータとして取り扱うことが可能と判断した。同一号機についてのデータ個数が少ない場合は、このような取り扱いが必要である。

図14-1 には、最初沈殿池かき寄せ機のスプロケットの摩耗量を経過年数との関係で示した。摩耗量と経過年数の間には正の相関が認められ、摩耗量で経年劣化が把握できることが分かる。経過年数が10年を超えると摩耗量が急増するとの傾向が見られるが、スプロケットの刃先の形状から、摩耗は加速度的に進行すると解釈できる。

初沈かき寄せ機 スプロケット（摩耗限界10mm）

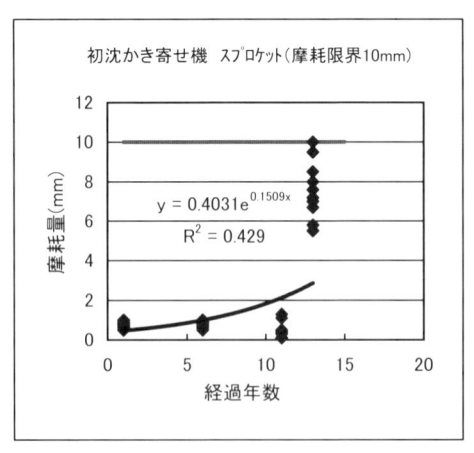

$y = 0.4031e^{0.1509x}$
$R^2 = 0.429$

図14-1 初沈かき寄せ機スプロケット　摩耗量と経過年数の関係

図14-2 には、最初沈殿池かき寄せ機のチェーンの摩耗量を経過年数との関係で示した。データの取扱いはスプロケットと同様である。4年目から摩耗が始まっているが、摩耗量と経過年数の間には正の相関が認められ、摩耗量で経年劣化が把握できることが分かる。4年目以前でも計測されていたが、ほぼゼロであった。

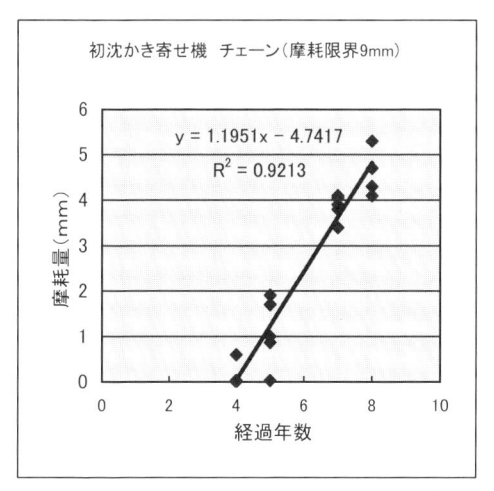

図 14-2　初沈かき寄せ機チェーン　摩耗量と経過年数の関係

（2）　高速回転機器（主ポンプ）

　分解点検時には整備前後で、軸受け温度、振動、騒音、芯出し、主軸隙間等が計測されている。これらはいずれも、回転部品やポンプ一式に対する間接的指標であり、羽根摩耗（寸法、重量）等の直接的指標は計測されていない。物理的診断を意識した定期点検が行われてこなかったためである。得られているデータの範囲内で経年劣化を表す指標を検討する。

　図 14-3 には、芯出しの修繕前最大値と竣工からの経過年数の関係を示した。芯出し測定値は修繕すると復旧されるため、両者の関係は認められない。図 14-4 には、芯出しの修繕前最大値と前回修繕よりの経過年数の関係を示した。前回修繕からの経過年数が増すと芯出し測定値が増加する傾向がうかがわれる。単位は1/100mmで、製品仕様にて定められている設置基準値は 10 であるが 100 以上でも運転していた結果になっている。点検修繕を必要とする限界値は定められていないが、それは、軸温度、異音、振動などで異常状態を把握して点検修繕（芯出し）を実施する仕組みになっているためである。芯出し測定値は点検修繕の成果を表す指標であるが、摩耗などの直接的劣化を表す指標ではないため、部品交換、機器更新の判断には使用できない。

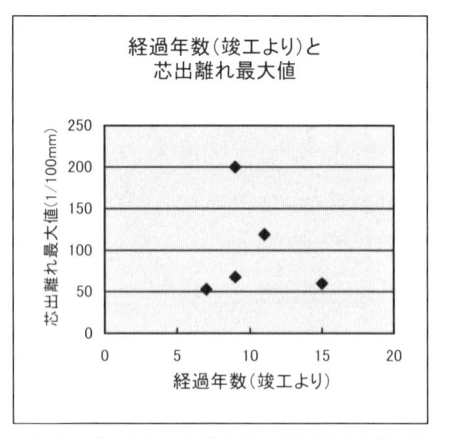

図 14-3　主ポンプ　芯出し修繕前最大値と経過年数（竣工より）

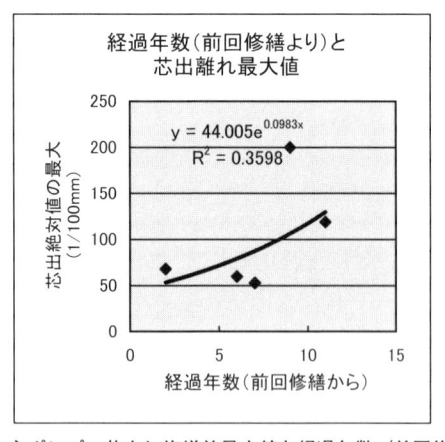

図 14-4　主ポンプ　芯出し修繕前最大値と経過年数（前回修繕より）

図 14-5 には、修繕前振動値の最大値と竣工後経過年数の関係を示した。経過年数と共に振動数の最大値は増加する傾向がうかがわれるが、振動値は直接的指標でないため相関係数は低い。単位は 1/1000mm で、管理値は 80 とされているが、15 年経過時点でも管理値の 1/4 程度にしか達していない。修繕前振動値の平均値は 10 程度であり経年傾向は全くなかった。**図 14-6** には、参考として、修繕前後の振動値差と竣工後経過年数の関係を示した。竣工からの経過年数が増すと修繕しても振動値は回復しないことを意味している。

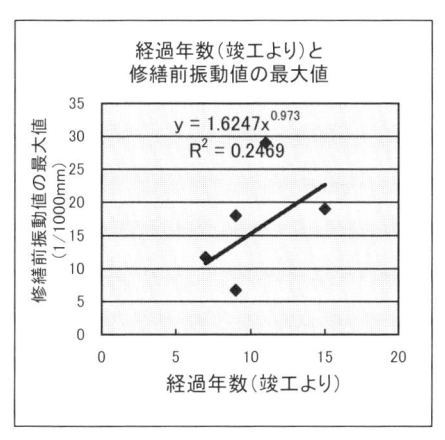

図 14-5　主ポンプ　修繕前振動値の最大値と経過年数（竣工より）

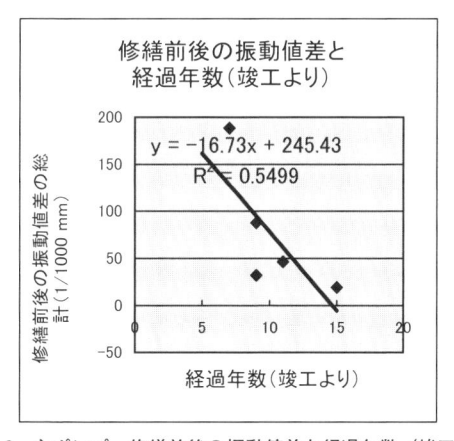

図 14-6　主ポンプ　修繕前後の振動値差と経過年数（竣工より）

　以降では、現在までに得られている情報を最大限に活用する立場から、振動値で経年劣化を把握できるとして述べる。主ポンプに関する経年劣化を把握する直接的指標として、摩耗量や部材厚、重量などを今後検討する必要がある。従来の、定期点検では経年劣化を把握する直接的指標の計測が不足していた。

14.4 経年劣化の予測

（1） 低速回転機器（初沈かき寄せ機）

スプロケットとチェーンは摩耗量で経年劣化が把握できること、そして、限界摩耗量が製品仕様にて定められているため、部品交換の時期も定めることが可能であることが判明した。

スプロケットの限界摩耗量は 10mm であるため、2mm ピッチで5ランクの健全度と対比させレベル2で部品交換と判断すると、**表 14-1** に示した通り 18 ～ 19 年目が交換時期になる。詳細調査（目視中心）の結果として得られている健全度（レベル4）から摩耗量を設定し、実績経過年数 12 年として**図 14-7** に示したが、劣化曲線とほぼ一致している。

表 14-1　スプロケットの健全度と摩耗量、経過年数

健全度	摩耗量(mm)	経過年数（年）
5	2 未満	1 ～ 10 年
4	2 以上 ～ 4 未満	11 ～ 15 年
3	4 以上 ～ 6 未満	16 ～ 17 年
2	6 以上 ～ 8 未満	18 ～ 19 年
1	8 以上	20 年 ～

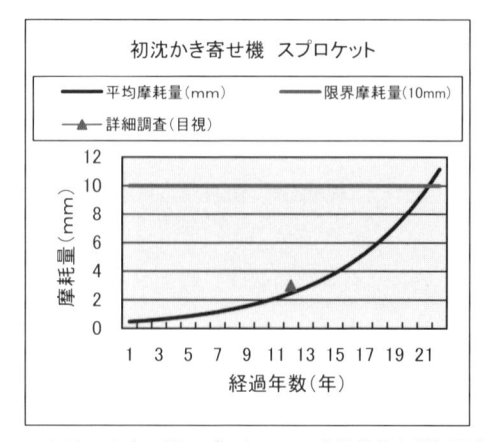

図 14-7　初沈かき寄せ機スプロケット　劣化曲線と詳細調査結果

チェーンの限界摩耗量は 9mm であるため、2mm ピッチで5ランクの健全度と対比させレベル2で部品交換と判断すると、**表 14-2** に示した通り 10 年目が交換

時期になる。チェーンの交換時期がスプロケットの交換時期の約1/2であるため、チェーンのみの交換とスプロケットを含めたかき寄せ機一式の更新を交互に行えば良いことになる。実績経過年数12年目に実施した詳細調査（目視中心）で得られた健全度（レベル4）から、摩耗量を設定し図14-8に示したが、劣化曲線よりも目視調査結果は健全度が良好、と判断している。処理場関係者へのヒヤリングなどとの調整が必要な部分である。

表14-2 チェーンの健全度と摩耗量、経過年数

健全度	摩耗量	経過年数
5	2未満	1～5年
4	2以上～4未満	6～7年
3	4以上～6未満	8～9年
2	6以上～8未満	10年
1	8以上	11年～

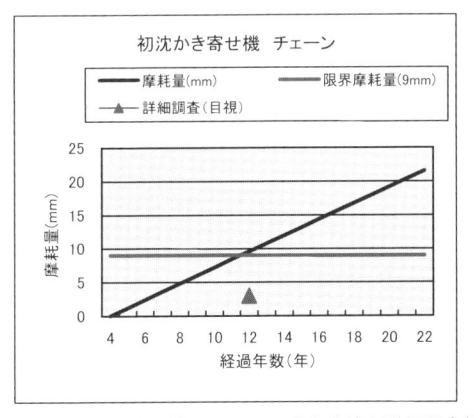

図14-8 初沈かき寄せ機チェーン 劣化曲線と詳細調査結果

　既存情報から得られた劣化曲線を用いて、一定期間後の劣化状況を将来予測することが可能である。そして、現状で「維持」と判定した機器に対して、何年先までは部品交換や機器更新の予算を確保しなくてよいかを判断できることになる。詳細調査から6年後（経過年数18年）の状況を予測すると、表14-3の通りである。スプロケットに関しても健全度レベルは、2に低下すると予測される。上述した通り、スプロケットを交換する際にはかき寄せ機を機器単位で更新するならば、詳細調査から6年後までの計画には、現状では健全度が4でも、診断対

象としたかき寄せ機の更新を計上しておく必要があることになる。

表14-3 初池かき寄せ機の将来予測

		現状		将来
	経過年数（年）	12		18
		詳細調査	劣化曲線	劣化曲線
スプロケット	健全度レベル	4	4	2
	平均摩耗量（mm）	—	2.5	6.1
	限界摩耗量（mm）	10		
チェーン	健全度レベル	4	1	—
	平均摩耗量（mm）	—	9.6	限界以上
	限界摩耗量（mm）	10		

「劣化曲線」は、既存情報に基づく摩耗量予測式による結果
「将来」は、今回詳細調査の後、設計＋工事（5年間）で6年後と設定

（2） 高速回転機器（主ポンプ）

主ポンプに関しては、振動値で経年劣化を把握することが可能であること、そして、管理値が製品仕様にて定められているため、部品交換の時期も定めることが可能であることが判明した。

振動値の管理値が80/1000mmであるため、16/1000mmピッチで5ランクの健全度と対比させレベル2で部品交換と判断すると、**表14-4**に示した通り32年目以降が交換時期になる。詳細調査（目視中心）の結果として得られている健全度（レベル5）から摩耗量を設定し、実績経過年数12年として**図14-9**に示したが、劣化曲線よりも目視調査結果は健全度が良好、と判断している。処理場関係者へのヒヤリングなどとの調整が必要な部分である。

詳細調査から6年後（経過年数18年）の状況を予測すると、健全度レベルは4に留まると予測される。詳細調査から6年後までの計画には、診断対象とした主ポンプの回転部品の交換やポンプ一式の更新は計上しておく必要がないことになる。

表14-4 主ポンプの健全度と振動値、経過年数

健全度	振動値（1/1000mm）	経過年数（年）
5	16未満	1～10
4	16以上～32未満	11～20
3	32以上～48未満	21～31
2	48以上～64未満	32～42
1	64以上	43～

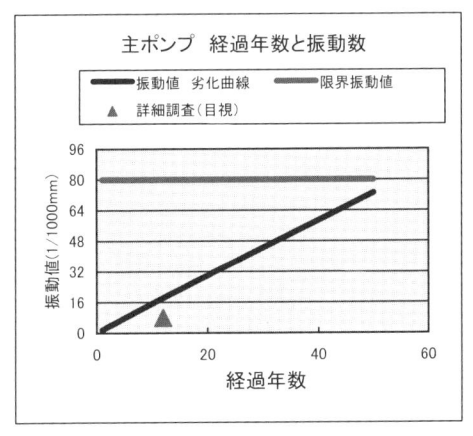

図 14-9　主ポンプ振動値　劣化曲線と詳細調査結果

14.5　まとめ

　低速回転機器（初沈かき寄せ機）の物理的更新必要年は、主要部品の摩耗量と詳細調査による健全度を照合して決定することが可能である。主要部品の摩耗量は定期点検等で得られており、劣化曲線として経年劣化が把握できる。そして、限界摩耗量が製品仕様にて定められているため、部品交換の時期も定めることが可能である。現状での詳細調査は目視を中心に健全度として示されるが、劣化曲線と現状の健全度を照合することで両者相補うことが可能である。

　高速回転機器（主ポンプ）に関しては、従来の定期点検や日常点検では、経年劣化を把握する直接的指標（部材厚、形状寸法、重量等）の計測が不足している。工場に搬送して行う分解点検時に直接的指標での劣化状態の把握が必要である。現在までに得られている限られた情報を最大限に活用する立場に立つと、振動値が経過年数と正の相関を示すため利用可能である。

参考文献　（本章は、下記の既発表論文を編集したものである）
1)　真鍋耕一、白潟良一：実際的長寿命化診断のフレーム試案、月刊下水道、Vol.38、N o.8、pp.65 〜 69、2009 年 7 月
2)　種市尚仁、白潟良一：設備診断における既存情報の活用事例、月刊下水道、Vol.30、N o.10、pp.84 〜 88、2010 年 7 月

MEMO

著者紹介（所属は 2011 年 5 月現在）

白潟良一（しらかた よしかず）
株式会社日水コン 東部下水道事業部 ソリューション部
1970 年　室蘭工業大学 土木工学科 卒業
1970 年　株式会社日水コン 入社（下水道部 設計課）
1974 年　京都大学 工学部 衛生工学教室 研究生（1 年間）
1975 年　株式会社日水コン 中央研究所
1977 年　　同　東京下水道事業部
2011 年　　同　東部下水道事業部 ソリューション部
博士（工学）日本大学
技術士（上下水道、建設、衛生工学、総合技術監理 部門）
APEC エンジニア（Civil）
中小企業診断士

竹島　正（たけしま ただし）
株式会社日水コン 事業統括本部 技師長
1973 年　東京教育大学 大学院修士課程 農学研究科 修了
1973 年　東京都 入都（下水道局）
1990 年　港区芝保健所 環境衛生主査（派遣）
1992 年　日本下水道事業団 技術開発部 総括主任研究員（派遣）
1995 年　東京都下水道局 葛西処理場長
1997 年　　同　有明処理場長
2000 年　　同　計画部 技術開発課長
2001 年　　同　業務部 排水指導課長
2003 年　　同　東部第二管理事務所 副所長
2005 年　　同　森ケ崎水再生センター 所長
2007 年　株式会社日水コン 下水道本部 技術顧問
2011 年　　同　事業統括本部
技術士（上下水道部門）

笠井一次（かさい かずじ）
株式会社日水コン 東部下水道事業部 事業マネジメント部
1986 年　函館工業高等専門学校 土木工学科 卒業
1993 年　豊橋技術科学大学 大学院 工学研究科 総合エネルギー工学専攻 修了
1993 年　株式会社日水コン 入社
2011 年　　同　東部下水道事業部 事業マネジメント部
博士（工学）
技術士（総合技術監理、上下水道 部門）
環境計量士

解析に基づく
下水処理場の監理・計画・設計

2011年7月10日　第1刷発行

著　者　　白　潟　良　一
　　　　　竹　島　　　正
　　　　　笠　井　一　次

発行者　　鹿　島　光　一

発行所　　鹿　島　出　版　会
　　　　　104-0028 東京都中央区八重洲2丁目5番14号
　　　　　Tel. 03(6202)5200　　振替 00160-2-180883
　　　　　無断転載を禁じます。
　　　　　落丁・乱丁本はお取替えいたします。

装幀：オセロ　　　DTP：エムツークリエイト
印刷・製本：壮光舎印刷
ⓒ Yoshikazu Shirakata, Tadashi Takeshima, Kazuji Kasai, 2011
ISBN 978-4-306-02430-4 C3052　　Printed in Japan

本書の内容に関するご意見・ご感想は下記までお寄せください。
URL：http://www.kajima-publishing.co.jp
E-mail：info@kajima-publishing.co.jp